中国中药资源大典
——中药材系列

中药材生产加工适宜技术丛书

中药材产业扶贫计划

地黄生产加工适宜技术

总 主 编　黄璐琦

主　　编　陈随清

副 主 编　谢小龙

中国医药科技出版社

内容提要

《中药材生产加工适宜技术丛书》以全国第四次中药资源普查工作为抓手，系统整理我国中药材栽培加工的传统及特色技术，旨在科学指导、普及中药材种植及产地加工，规范中药材种植产业。本书为地黄生产加工适宜技术，包括：概述、地黄药用资源、地黄栽培技术、地黄特色适宜技术、地黄药材质量、地黄现代研究与应用等内容。本书适合中药种植户及中药材生产加工企业参考使用。

图书在版编目（CIP）数据

地黄生产加工适宜技术 / 陈随清主编. — 北京：中国医药科技出版社，2018.3

（中国中药资源大典.中药材系列.中药材生产加工适宜技术丛书）

ISBN 978-7-5067-9891-4

Ⅰ.①地…　Ⅱ.①陈…　Ⅲ.①地黄—栽培 ②地黄—中草药加工　Ⅳ.①S567.23

中国版本图书馆 CIP 数据核字（2018）第 011197 号

美术编辑　陈君杞
版式设计　锋尚设计

出版　中国医药科技出版社
地址　北京市海淀区文慧园北路甲 22 号
邮编　100082
电话　发行：010-62227427　邮购：010-62236938
网址　www.cmstp.com
规格　710×1000mm 　¹/₁₆
印张　7 ¹/₂
字数　63 千字
版次　2018 年 3 月第 1 版
印次　2018 年 3 月第 1 次印刷
印刷　北京盛通印刷股份有限公司
经销　全国各地新华书店
书号　ISBN 978-7-5067-9891-4
定价　25.00 元

中药材生产加工适宜技术丛书
—— 编委会 ——

总 主 编 黄璐琦

副 主 编（按姓氏笔画排序）

王晓琴	王惠珍	韦荣昌	韦树根	左应梅	叩根来
白吉庆	吕惠珍	朱田田	乔永刚	刘根喜	闫敬来
江维克	李石清	李青苗	李旻辉	李晓琳	杨 野
杨天梅	杨太新	杨绍兵	杨美权	杨维泽	肖承鸿
吴 萍	张 美	张 强	张水寒	张亚玉	张金渝
张春红	张春椿	陈乃富	陈铁柱	陈清平	陈随清
范世明	范慧艳	周 涛	郑玉光	赵云生	赵军宁
胡 平	胡本详	俞 冰	袁 强	晋 玲	贾守宁
夏燕莉	郭兰萍	郭俊霞	葛淑俊	温春秀	谢晓亮
蔡子平	滕训辉	瞿显友			

编 委（按姓氏笔画排序）

王利丽	付金娥	刘大会	刘灵娣	刘峰华	刘爱朋
许 亮	严 辉	苏秀红	杜 弢	李 锋	李万明
李军茹	李效贤	李隆云	杨 光	杨晶凡	汪 娟
张 娜	张 婷	张小波	张水利	张顺捷	林树坤
周先建	赵 峰	胡忠庆	钟 灿	黄雪彦	彭 励
韩邦兴	程 蒙	谢 景	谢小龙	雷振宏	

学术秘书 程 蒙

本书编委会

主　　编　陈随清

副 主 编　谢小龙

编写人员　（按姓氏笔画排序）

王楠斐（河南中医药大学）

申鹏龙（河南中医药大学）

付　钰（河南中医药大学）

张　飞（河南中医药大学）

陈　燕（河南中医药大学）

陈随清（河南中医药大学）

谢小龙（河南中医药大学）

薛淑娟（河南中医药大学）

序

　　我国是最早开始药用植物人工栽培的国家，中药材使用栽培历史悠久。目前，中药材生产技术较为成熟的品种有200余种。我国劳动人民在长期实践中积累了丰富的中药种植管理经验，形成了一系列实用、有特色的栽培加工方法。这些源于民间、简单实用的中药材生产加工适宜技术，被药农广泛接受。这些技术多为实践中的有效经验，经过长期实践，兼具经济性和可操作性，也带有鲜明的地方特色，是中药资源发展的宝贵财富和有力支撑。

　　基层中药材生产加工适宜技术也存在技术水平、操作规范、生产效果参差不齐问题，研究基础也较薄弱；受限于信息渠道相对闭塞，技术交流和推广不广泛，效率和效益也不很高。这些问题导致许多中药材生产加工技术只在较小范围内使用，不利于价值发挥，也不利于技术提升。因此，中药材生产加工适宜技术的收集、汇总工作显得更加重要，并且需要搭建沟通、传播平台，引入科研力量，结合现代科学技术手段，开展适宜技术研究论证与开发升级，在此基础上进行推广，使其优势技术得到充分的发挥与应用。

　　《中药材生产加工适宜技术》系列丛书正是在这样的背景下组织编撰的。该书以我院中药资源中心专家为主体，他们以中药资源动态监测信息和技术服

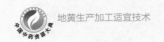

务体系的工作为基础，编写整理了百余种常用大宗中药材的生产加工适宜技术。全书从中药材的种植、采收、加工等方面进行介绍，指导中药材生产，旨在促进中药资源的可持续发展，提高中药资源利用效率，保护生物多样性和生态环境，推进生态文明建设。

丛书的出版有利于促进中药种植技术的提升，对改善中药材的生产方式，促进中药资源产业发展，促进中药材规范化种植，提升中药材质量具有指导意义。本书适合中药栽培专业学生及基层药农阅读，也希望编写组广泛听取吸纳药农宝贵经验，不断丰富技术内容。

书将付梓，先睹为悦，谨以上言，以斯充序。

中国中医科学院 院长

中 国 工 程 院 院 士 张伯礼

丁酉秋于东直门

总 前 言

　　中药材是中医药事业传承和发展的物质基础，是关系国计民生的战略性资源。中药材保护和发展得到了党中央、国务院的高度重视，一系列促进中药材发展的法律规划的颁布，如《中华人民共和国中医药法》的颁布，为野生资源保护和中药材规范化种植养殖提供了法律依据；《中医药发展战略规划纲要（2016—2030年）》提出推进"中药材规范化种植养殖"战略布局；《中药材保护和发展规划（2015—2020年）》对我国中药材资源保护和中药材产业发展进行了全面部署。

　　中药材生产和加工是中药产业发展的"第一关"，对保证中药供给和质量安全起着最为关键的作用。影响中药材质量的问题也最为复杂，存在种源、环境因子、种植技术、加工工艺等多个环节影响，是我国中医药管理的重点和难点。多数中药材规模化种植历史不超过30年，所积累的生产经验和研究资料严重不足。中药材科学种植还需要大量的研究和长期的实践。

　　中药材质量上存在特殊性，不能单纯考虑产量问题，不能简单复制农业经验。中药材生产必须强调道地药材，需要优良的品种遗传，特定的生态环境条件和适宜的栽培加工技术。为了推动中药材生产现代化，我与我的团队承担了

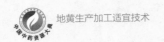

农业部现代农业产业技术体系"中药材产业技术体系"建设任务。结合国家中医药管理局建立的全国中药资源动态监测体系，致力于收集、整理中药材生产加工适宜技术。这些适宜技术限于信息沟通渠道闭塞，并未能得到很好的推广和应用。

本丛书在第四次全国中药资源普查试点工作的基础下，历时三年，从药用资源分布、栽培技术、特色适宜技术、药材质量、现代应用与研究五个方面系统收集、整理了近百个品种全国范围内二十年来的生产加工适宜技术。这些适宜技术多源于基层，简单实用、被老百姓广泛接受，且经过长期实践、能够充分利用土地或其他资源。一些适宜技术尤其适用于经济欠发达的偏远地区和生态脆弱区的中药材栽培，这些地方农民收入来源较少，适宜技术推广有助于该地区实现精准扶贫。一些适宜技术提供了中药材生产的机械化解决方案，或者解决珍稀濒危资源繁育问题，为中药资源绿色可持续发展提供技术支持。

本套丛书以品种分册，参与编写的作者均为第四次全国中药资源普查中各省中药原料质量监测和技术服务中心的主任或一线专家、具有丰富种植经验的中药农业专家。在编写过程中，专家们查阅大量文献资料结合普查及自身经验，几经会议讨论，数易其稿。书稿完成后，我们又组织药用植物专家、农学家对书中所涉及植物分类检索表、农业病虫害及用药等内容进行审核确定，最终形成《中药材生产加工适宜技术》系列丛书。

在此，感谢各承担单位和审稿专家严谨、认真的工作，使得本套丛书最终付梓。希望本套丛书的出版，能对正在进行中药农业生产的地区及从业人员，有一些切实的参考价值；对规范和建立统一的中药材种植、采收、加工及检验的质量标准有一点实际的推动。

2017年11月24日

3

前　言

地黄是我国传统大宗常用药材，具有悠久的药用历史，著名医学家张景岳将地黄的炮制加工品"熟地黄"与人参、附子、大黄共称为"药中之四维"，足见地黄在中药中的显赫地位。为了使广大读者对地黄这一药用资源的生产加工技术有系统、全面的了解与认识，本书在参考了国内外有关地黄的研究论文及著作的基础上，从地黄的植物学特征、生物学特性、地理分布、生态适宜分布区域与适宜种植区域、栽培及特色适宜技术、药材质量、化学成分、药理及分子标记方面的研究等方面对地黄生产加工适宜技术进行了较为详细的介绍。本书共分六章，内容包括概述、药用资源、地黄栽培技术、地黄特色适宜技术、地黄药材质量、地黄现代研究与应用。

本书可作为直接从事地黄生产、加工的生产者、经营者的参考书，同时亦可供从事地黄生产和资源开发利用的专业技术人员参考。

由于编者水平所限，书中不足之处在所难免，希望广大读者提出宝贵意见！

编者

2017年10月

目　录

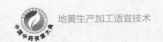

第**1**章

概　述

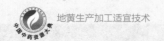

地黄（Rehmanniae Radix）为玄参科植物地黄*Rehmannia glutinosa*（Gaen.）Libosch. ex Fisch. et Mey. 的新鲜或干燥块根；前者习称"鲜地黄"；后者称"生地黄"，习称"生地"；生地黄酒炖或蒸制后再干燥者称"熟地黄"，习称"熟地"。鲜地黄有清热生津、凉血、止血的功效；生地黄有清热凉血、养阴生津的功效；熟地黄则有补血滋阴、益精填髓的功效。我国地黄栽培历史至少有900余年，在河南、山东、山西、陕西等地均有生产；但以"古怀庆府"（今河南省的武陟、温县、沁阳、孟县、博爱、修武等地）为道地产区，所产地黄习称"怀地黄"，是著名的"四大怀药"之一。

地黄已成为我国重要的创汇产品之一，产品远销东南亚地区及日本等国，在国际市场上享有盛誉。仅1978～1988年的10年间，出口量就达860多吨，为国家创造了大量的外汇。怀地黄不仅药用价值很高，而且广泛用于食疗、食补，如怀地黄泡菜、怀地黄脯、怀地黄酒等加工产品已投放市场，并收到了很好的效果。

第2章

地黄药用资源

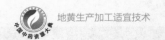
一、植物形态特征

地黄是多年生草本，高10～40cm，全株密被灰白色柔毛和腺毛。块根肉质肥厚，圆柱形或纺锤形，有芽眼。花茎直立。叶多基生，莲座状，叶片倒卵状披针形至长椭圆形，上面绿色，下面略带紫色或成紫红色，长3～10cm，宽1.5～4cm，先端钝，基部渐狭成柄，柄长1～2cm，叶面皱缩，边缘有不整齐钝齿；无茎生叶或有1～2枚，远比基生叶小。总状花序单生或2～3枝；花冠筒多少弯曲，花萼钟状长约1.5cm，先端5裂，裂片三角形，略不整齐，花冠筒稍弯曲，长3～4cm，外面暗紫色，内面杂以黄色，有明显紫纹，先端5裂，略呈二唇状，上唇2裂片反折，下唇3裂片直伸；雄蕊4，二强；子房上位，卵形，2室，花后渐变1室，花柱单一，柱头膨大。蒴果卵形，外面有宿存花萼包裹。种子多数。花期4～5月，果期5～6月（图2-1）。

二、生物学特性

（一）对环境条件的要求

地黄对气候适应性较强，在阳光充足，年平均气温15℃，极端最高温度38℃，极端最低温度-7℃，无霜期150天左右的地区均可栽培。地黄是喜光植物，光照条件好、阳光充足时，生长迅速，因此种植地不宜靠近林缘或与高秆

a. 地黄块根

b. 地黄花期　　　　　　　　　　　　　c. 地黄小花

d. 地黄果期　　　　　　　　　　　　　e. 地黄蒴果

图2-1　地黄植物形态

作物间作。地黄种子喜光，在黑暗条件下，发芽率显著降低。

地黄根系少，吸水能力差，潮湿的气候和排水不良的环境，都不利于地黄的生长发育，并会引起病害。过分干燥也不利于地黄的生长发育。幼苗期叶片

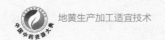

生长速度快，水分蒸腾作用较强，以湿润的土壤条件为佳；生长后期土壤含水量要低；当地黄块根接近成熟时，最忌积水，地面积水2~3h，就会引起块根腐烂，植株死亡。

地黄为喜肥植物。《本草纲目》记载："古称地黄宜黄土，今不然，大宜肥壤虚地则根大而多汗"。地黄不仅需肥量大，而且要求营养元素齐全，对氮磷钾的需求比例为1.4∶1∶1.2。

地黄喜疏松、肥沃、排水良好的土壤条件，砂质壤土、冲积土、油砂土最为适宜，且产量高，品质好。如果土壤黏、硬、瘠薄，则块根皮粗、扁圆形或畸形较多，且产量低。地黄对土壤的酸碱度要求不严，pH 6~8均可适应。地黄忌连作，种植地黄的土地，至少应间隔8~10年才能复种地黄（图2-2）；种植地黄的最好茬口是谷子茬和绿豆茬，其次是麦子茬、玉米茬等，最忌芝麻、

图2-2　重茬地黄（左侧）和非重茬地黄（右侧）生长对比

花生、大豆、棉花、白菜、高粱等茬口，特别是芝麻，不能与之为邻。

（二）生长发育习性

地黄为多年生药用植物。实生苗第二年开花结实，以后年年开花结实；地黄种子很小，千粒重约0.19g。地黄种子为光萌发种子，在室内散射光条件下只要温度、水分适宜种子都能发芽。种子播于田间，在25～28℃条件下，7～15天即可出苗，8℃以下种子不萌发。

块根播于田间，在湿度适宜，温度大于20℃时10天即可出苗；日平均气温在20℃以上时发芽快、出苗齐；日平均温度在11～13℃时出苗需30～45天；日平均温度在8℃以下时，块根不萌发。

地黄块根萌蘖能力强，但与芽眼分布有关。顶部芽眼多，发芽生根也多，向下芽眼依次减少，发芽生根也依次减少。地黄为地下块根，无主根，须根也不发达，一般先长芽后长根。

春"种栽"种植，前期以地上生长为主，4～7月为叶片生长期，7～10月为块根迅速生长期，9～10月为块根迅速膨大期，10～11月地上枯萎，霜后地上部枯萎后，自然越冬，当年不开花，全生育为140～180天。田间越冬植株，第二年春天开花。

（三）开花传粉习性

用种子和种栽繁殖的地黄，一般在第二年4月上旬开花。同一植株上，花

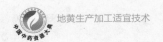

期一般为15～20天，一朵花约开7天。开花后1个月种子成熟。

地黄为虫媒异花授粉植物，自然状况下，结实率可达55%～93%。地黄自交不结实，人工辅助授粉自交结实率仅有1.2%左右，品种间人工杂交结实率可达100%。

三、地理分布

地黄分布于辽宁、河北、河南、山东、山西、陕西、甘肃、内蒙古、江苏、湖北等省区。生于海拔50～1100米的荒山坡、山脚、墙边、路旁等处。

地黄药材主要为栽培品，我国河南、山东、陕西、河北等10多个省（自治区）皆有栽培，但以河南武陟、温县、博爱、修武、沁阳（即古怀庆府）等地产量最大、质地最佳。此外，辽宁、河北、山东等省主产野生地黄，作鲜地黄入药。

地黄的道地产区历史上产生过变迁，陕西长安、江苏徐州、安徽和县、南京板桥镇、陕西大荔都曾是地黄的道地产区。其中咸阳（今陕西长安）的道地历史最为悠久，自汉代至宋代本草书都有提及咸阳川泽之地黄为佳。自明朝以后才提及怀庆（今河南焦作一带）道地产地，此后一致认为怀庆地黄为道地药材。

四、生态适宜分布区域与适宜种植区域

药用植物的有效成分含量与其特殊的自然生长环境密切相关，生态环境对中药材质量的影响主要通过药用植物体内的生理生化反应，来影响植物化学成分的种类和含量。尤其是中药材道地产区得天独厚的自然条件和地理环境，有利于其有效成分的累积，从而体现道地药材的极优性。由于道地药材作为中药特殊种质在特定空间环境下的产物，从而体现了空间环境对中药资源有着显著的影响。换言之，中药资源的分布、质量及产量信息都具有空间信息的特征。因此，对空间信息的研究和应用是中药资源保护和利用的关键问题。空间技术是空间信息分析的关键技术，而遥感（RS）、全球定位系统（GPS）和地理信息系统（GIS）三者集成的"3S"技术，是空间信息分析的核心技术。由于地黄有其特殊的适宜生长的自然生态环境，不同地区种植的地黄质量差异也比较大，然而现有的研究成果和技术很难指导地黄种植基地的选取。"3S"技术的应用，不仅建立了地黄药材的生态适宜分布区域与适宜种植区域，而且GIS作为其核心技术，通过构建地黄区划模型来进行区划空间过程动态模拟与评价，既利于地黄中药资源数据的更新，同时也可使地黄中药资源数据查询内容更广泛，形式更多样。其查询结果以地图图形、统计图表等方式表现，简便明了，可随时了解地黄中药资源状况和统计分析，从而实现对地黄中药资源的科学管理。

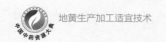

（一）地黄生态适宜分布区域

1. 地黄生态适宜分布区域的建立——地黄生态适宜性区划的研究

地黄生态适宜性区划的研究即利用地理信息系统软件、最大信息熵模型软件（Maxment）计算地黄的生境适宜度，建立地黄的生境适宜模型，最终确定地黄在全国范围内的最适生长区域，并结合相关生态因子，进行各生态因子对地黄药材生境适宜度的重要性分析。

2. 计算地黄生境适宜度

将河南、山西、山东、河北、安徽5个省份内地黄采样点的位置信息输入arcGIS软件，通过分析作图可得到地黄在全国范围内的生境适宜图。同时利用arcGIS软件计算地黄在全国范围内的生境适宜度，从地黄生境适宜度分布图可得出地黄在全国范围内的适宜生长分布区域：不适合区［0，0.049］，临界区［0.049，0.396］，适宜区［0.396，0.763］，最佳区［0.763，1］。即地黄适宜生长区域大概分布于河南焦作一带；河南省、山西省、陕西省交界附近，包括河南西北部（三门峡一带）、山西西南部（运城一带）、陕西中东部（渭南一带）等地区；其次还有山西中部；河北石家庄、保定一带；山东西南部（黄河流域）；安徽省北部与江苏西北部交界处一带。其中最佳区域在河南焦作地区。

3. 地黄相关生态因子的确定

生态因子（所有生态因子数据均由中国中医科学研究院制作与提供）包括

气候类型数据、土壤类型数据、地形数据、植被类型。通过Maxent模型计算，可筛选出影响地黄生长的，即对地黄生长贡献率总和大于等于99%的各生态因子。为保证数据结果的精确度、稳定性以及可靠性，Maxent模型需要经过三次计算筛选，取第三次结果中对地黄生长贡献率总和大于等于95%的各生态因子作为对地黄生境适宜度影响较为明显的因素。其结果按照贡献率从大到小排列依次为：植被类型、11月降水量、土壤类型、6月日照时长、9月日照时长、12月降水量、6月平均气温，详见表2–1所示。

表2–1 生态因子列表

生态因子	贡献率	贡献率总和（%）
植被类型	48.3	
11月降水量	20.7	
土壤类型	7.3	
6月日照时长	5.9	95.4%
9月日照时长	5.7	
12月降水量	5.4	
6月平均气温	2.1	

在Maxent软件筛选后，会生成对地黄生境适宜度影响较为明显的各个生态因子与地黄生境适宜度之间的响应曲线。从响应曲线可以看出：①地黄适合

在分布有两年三熟或一年两熟旱作和落叶果树园、温带草原化灌木荒漠、温带草丛的植被类型的区域生长。②其适合生长的土壤类型为饱和冲积土、石灰性冲积土、石灰性始成土、潜育淋溶土。③适合地黄生长的月降水量范围：11月0～60mm，在23mm时达到最大响应值；12月降水量0～72mm，在13mm时达到最大响应值。④适合地黄生长的月日照时长范围：6月76～356h，在205h时达到最大响应值；9月54～245h，在135h时达到最大响应值。⑤适合地黄生长的6月平均气温：0～32℃，在26℃时达到最大响应值。

4. 地黄适宜性区划结果的评价分析

用ROC曲线及AUC值对地黄生境适宜度和各生态因子贡献率的预测结果进行精度评价，AUC值是0.997，表明模型模拟效果非常好，模型计算出的地黄生境适宜度具有很高的可信度和准确度。

（二）地黄适宜种植区域

1. 基于地黄适生性的品质区划研究

地黄药材的道地性成因虽然与其特有的自然生长环境密切相关，但是其生长发育的适宜条件和药材的某些有效成分的累积并不一定是平行的。在地黄生态适宜性区划的基础上对地黄品质进行区划，进而得到其化学质量等级，即可得到地黄药材在全国范围内的适宜种植区域。

2. 不同产区地黄质量评价与产区优选

将能反应地黄质量的有效化学成分含量数据运用灰色模式识别法进行计算，可得地黄化学质量的评价结果，再将其评价结果与河南、山西、山东、河北、安徽4个省份地黄采样点的位置信息代入GIS软件，运用克里金插值法（Kriging），将文本数据转换成矢量数据，生成地黄化学质量等级分布图。再依据地黄生境适宜图上的分布区域可得出地黄化学质量等级分布区域：河南焦作地区>河南西北部（洛阳市天池镇、高村乡、盐镇乡），河南东南部（驻马店张楼乡）>山西中部（吕梁市香乐乡、宁固镇、肖家庄镇），山西西南部（运城市新绛县横桥乡、万安镇、阳王镇，永济市开张镇、虞乡镇、卿头镇）>陕西中部（咸阳市骏马镇、西张堡镇、太平镇、北杜镇，渭南市龙背乡、信义乡、赤水镇）、山东西南部黄河流域（德州市胡官屯镇）>河北邯郸曲周县、石家庄张段固镇>安徽省宿州刘套镇与江苏省徐州市刘集镇、大彭镇。

第3章

地黄栽培技术

一、繁殖技术

（一）繁殖方式

地黄的繁殖方式包括有性繁殖和无性繁殖两种方式；有性繁殖即种子繁殖，无性繁殖即块根繁殖。通过种子繁殖可以复壮，防止品种退化；而块根繁殖则是地黄生产中的主要手段。

1. 种子繁殖

在田间选择高产优质的单株，5～6月收集种子，选向阳背风处的地块，于当年夏季或翌年3月中、下旬至4月上旬于苗床播种。播前先进行大水灌溉，待水渗下后，按行距15cm条播，覆土0.2～0.3cm，以不见种子为度，为保持出苗前土壤湿润和提高地温，覆盖地膜，待出苗后揭去地膜。苗现5～6片叶时，就可移栽大田。移栽时，行距为30cm，株距6～10cm，栽后浇水，成活后应注意除草松土。当年夏季播种的，当年不能采收，冬季在田间越冬，第二年春天做种栽。翌年春天播种的，到秋天可采收入药。

因地黄为异花授粉植物，种子繁殖后代不整齐，甚至混杂，生产上不宜直接采用，仅在选种育种工作中应用。

选种时将地黄种子播在盆里或田里，先育一年苗，次年再选取大而健壮的块根移到地里继续繁殖，第三年选择产量高而稳定的块根繁殖，如此连续数年去劣存优，可以获得优良品种，产量往往高于当地品种的30%～40%。

2. 块根繁殖

地黄块根繁殖能力强，其块根分段或纵切均可形成新个体，生产上多采用分段繁殖新个体。块根也称为种栽。

块根部位不同，形成新个体的早晚和个体发育状况不一样，产量也有很大的差异。块根顶端较细的部位芽眼多，营养少，出苗虽多，但前期生长较慢，块根小，产量低；块根上部直径为1.5～3cm部位芽眼较多，营养也丰富，新苗生长较快，发育良好，是良好的繁殖材料；块根中部及中下部（即块根膨大部分）营养丰富，出苗较快，幼苗健壮，块根产量较高但种栽用量大，经济效益不如上段好；块根尾部芽眼少，营养虽丰富但出苗慢，成苗率低。一般选用中段外皮新鲜、没有黑点的肉质块根留作种栽繁殖。

选择种栽时，大小要适中，宜选用直径1～2cm块根，太粗用种量大，种栽容易腐烂；太细虽能发芽，但苗弱不壮，影响产量。

种栽来源有：①窖藏种栽，是秋后地黄收获时，选择无病虫害、块形好、无伤口、大小适中的块根，随即藏于窖内。窖可以是地下室或红薯窖，也可在背阴处挖深、宽各1m，长短随意的地窖，铺放10cm厚块根，上面覆盖沙子，以不露地黄为度。随着气温的下降，将覆土加厚到30cm，再覆盖秸秆挡风雪。翌年春季土壤解冻后，逐渐除去覆盖物，或倒翻一次，去除腐

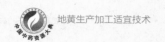

烂块根，再覆盖薄砂一层，直到栽种时取出使用。②大田留种，是头年地黄收获时，选留一部分不挖，留在田里越冬，翌春刨出作为种栽，俗称"隔年旺"，其出苗率一般在50%～80%。该留种方法，大的块根由于含水量较大，越冬后大部分腐烂，因此块根较大者多不留种。一些春种较晚，或生长较差，块根较小的地块，可以留作种栽。③倒栽，亦称"拐栽"，即头年春栽地黄，于当年7月20日前后刨出，在别的地块上再按春栽方法栽植一次，秋季生长，于田间越冬，翌春4月中下旬再刨出作种栽。以上3种种栽，以倒栽的种栽最好，生命力最强，粗细较均匀，单位面积栽用量少。栽植前，挑选无病虫害和霉烂的块根，折成2cm左右长的小段，以备栽植。后2种留种法，只适于较温暖的地区应用。在怀地黄产区，目前主要采用"倒栽"法留种。

（二）品种退化的原因及防治方法

1. 品种退化的原因

地黄随着种植代数的增加，就会出现块根变细，产量逐年下降，质量变差，最终丧失品种的优良特性。这种退化特性因品种、植株甚至块根不同而异。品种退化后，良种比例下降，劣种比例上升，严重影响药农的经济效益和中药的临床疗效。地黄品种退化的原因，主要有以下几个方面。

（1）机械混杂 良种中混进了其他品种的种栽或实生苗称为机械混杂。机械混杂是在栽种、收获、储藏过程中操作不严造成的。此外，药农在栽培过程中，缺乏良种意识，购买地黄种栽时，无论是否为同一品种，都混合种植，人为造成了机械混杂。机械混杂是目前品种混杂退化的主要原因。

（2）留种不科学 地黄长期采用无性繁殖，缺乏良种繁育制度，目前都是群众自繁自用。采用窖藏留种时，药农考虑到经济效益，往往将直径大的块根作为商品，而将细小的块根留作种用；或大田留种时，大的块根越冬后容易腐烂，也往往将生长较差、块根较小的地块留种。这种"去大留小"的留种法，无形中实行了选劣汰优，导致了种性退化，结果越留越小。在劣株占优势的地块，栽培条件再好，产量也无法提高。这是地黄品种退化的最常见的原因。

（3）病毒感染 地黄在田间感染病毒后，在无性繁殖过程中，无法将病毒从种栽中去除，因而由种栽产生的植株仍然感染病毒，以致病毒代代相传，危害越来越重，甚至有种无收。

（4）自然突变 自然界的基因突变是经常发生的，基因改变必然引起相应的性状改变，从而造成品种的混杂退化。

另外，感染病虫害以后也表现品种退化；长期不倒栽，种栽无生命力也是品种退化的原因之一。

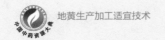
2. 防止地黄品种退化的措施

（1）建立留种田　在每年倒栽时，选择具有该品种典型特征且无病、块根芦头短、块形好、高产的植株进行单独繁殖，作为第二年留种用。留种田可实行二年三圃制。第一年选择典型的优良单株倒栽成单行，称为株行圃。第二年春季选优良的株行种成株系圃；夏季倒栽时再选优汰劣，将优良的株系种在一起成混系圃；混系圃的种栽可作为大田用种。

（2）去杂去劣　对已出现少量混杂的地黄品种，在春季和生长季节，根据品种的特征将杂株刨除，保留典型的良种植株。

秋季在倒栽的留种田中，可根据幼苗形态逐行逐株检查，发现杂株、劣株立刻刨出。此项工作应尽早进行，如果块根已经伸长和膨大，就不容易将杂种、劣种的块根清除干净。每年去杂去劣1～2次，可使田间良种纯度保持在90%以上。

（3）合理选种　根据品种特性，在田间株选，特别是在劣种很多的田间，进行株选效果更为明显。株选可在倒栽时进行，也可在收获地黄时选择芦头短、块根大的单株，留作第二年春种，7月倒栽育苗留种。在品种比较整齐一致的田间，收获地黄时，也可选大块根的芦头留种，余下的大块根供入药用。切勿每年选大块根入药，留小块根做种。

（4）积极推广脱毒苗　利用组培方法培养脱毒试管苗是克服地黄品种退化

的最先进方法之一。脱毒苗因不受病毒的侵害，能大幅度提高产量。

茎尖脱毒的理论根据是病毒在植株近根尖和茎尖的组织中含量很低，在根尖和茎尖中则全然未见病毒。原因是植物体内病毒的迁移速度没有分生组织内细胞分裂和生长的速度快，病毒在活跃分裂的分生组织中复制不力，分生组织内具有较高活力的病毒钝化系统，可以防病毒侵染。

（三）良种选育

地黄在长期栽培过程中，除了要防止品种退化外，还要不断推出优质、高产、高效的新品种。新品种的选育要经过以下步骤。

1. 制定育种目标

地黄以块根大、芦头短、生长集中、等级和出干率高、加工后有菊花心、油性大、株型小、适于密植、适应性广、抗逆性强（如耐瘠、抗涝、抗寒、抗病）等为育种目标。

（1）丰产性　怀地黄的块根既是生产上的繁殖材料，又是主要的药用部分。块根的多少、大小、形状不但关系到产量，也影响到商品的质量。

每公顷栽植株数，单株块根的数量、重量和整齐性是地黄产量的构成因素。块根集中、单重高、株型小、光合能力强及折干率高，均有利于提高地黄的产量。而适应性广、抗逆性强是地黄高产稳产的前提。

（2）抗病性　地黄易感染病毒病、斑枯病、轮纹病等病害，防治病害的有

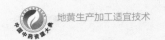

效办法就是培育抗病品种，尽量不用化学农药。野生地黄具有较强的抗病性，在育种过程中可有针对性的筛选。

2. 主要育种途径

（1）引种 地黄栽培区域广泛，各地多年来形成了许多优良品种，可通过试验、示范的手段将外地品种有选择地进行引种，以丰富本地的种质资源。同时，还可将不同产地的野生资源进行选择获得一些优良种质，为杂交育种提供丰富的素材。

（2）选择育种 地黄为异花授粉植物，由种子发育而成的实生苗几乎都是杂交种，应从中选择优良的单株，再用无性繁殖法加以固定繁殖，继而培育成优良品种，这是获得地黄新品种的有效途径之一。

另外，地黄在生产上虽然主要采用无性繁殖的方式，但由于环境条件的影响，也常会出现一些变异株型，在此基础上进行有目的地选择、培育，也有可能获得优良品种。

（3）杂交育种 地黄品种繁多，又各具特色，并有丰富的野生资源，杂交育种的原始材料非常充足。通过有目的杂交可综合各品种的优良性状，获得更新换代的优良品种。

人工杂交前父母本都要套袋隔离，在花刚开放而花药未破裂时去雄，取开裂花朵的花粉涂在去雄花朵的柱头上，仍套袋隔离，直到杂交种子成熟。种子收获后即可播种育苗移栽，秋冬进行收获时进行第一次选择。亦可于翌年春季播种育苗移栽，7～8月倒栽时进行第一次选择。由于实生苗分离大，繁殖又快，不能采用混合选择，进行2次单株选择，再进行2～3次株系内混合选择，即可进行繁殖和示范推广。

二、栽培方法

（一）栽培品种

地黄栽培历史悠久，在长期的栽培过程中，培育出多个地黄品种，仅文献中出现的地黄品种（或品系）就多达60多个。这些品种资源中，有的可能为同一品种，只是文字书写上的变化，如金地黄与金状元，白地黄与白状元，四齿毛、四翅锚和四支毛，郭里茂、郭李猫和郭狸猫等等；而文献明确说明怀地黄1号即金状元，怀地黄2号即北京1号，怀地黄3号即85-5。文献记载的资源中，除少数品种有较为详细的形态和农艺性状描述外，多数品种仅有简单的描述，有时不同文献对某些品种的描述也不一致，致使无法将品种资源对号入座。为了充分利用这些宝贵的自然资源，急需在参考有关文献的基础上，对目前的各种变异类型进行系统的形态学描述和分类学处理。这不仅有助于开展地黄研究时正确取样，提高研究结果的应用和参考价值，同时也可用于指导GAP基地建设，以保障产品的质量和产量。

1. 金九

地黄品种金九由温县农业科学研究所和河南省农业科学院植物保护研究所选育而成，2012年正式通过河南省中药材品种认定委员会专家组的认定。该品种以品种"金状元"为母本，"9302"为父本，通过人工杂交选育而成。金九品种出苗早、齐而壮，整株清秀。地上部植株前期匍匐，中后期半直立，叶片小而密，长椭圆形，叶色墨绿，叶尖钝尖，叶脉清晰，叶面平展，叶缘有轻微波浪状，并有紫红色线条，叶基楔形，叶背有紫红斑。总状花序，筒状花冠喇叭形，略下垂，紫红色，二强雄蕊，子房上位，卵形，花柱单一，花萼钟形，果实为蒴果，卵圆形。地下部块根呈纺锤形，芦头粗短，一般为3～5个，块根整体均匀，鲜地黄表皮为橘红色，芯白色呈菊花形放射状，芯到表皮间红色液泡较多。该品种抗轮纹病，高抗斑枯病，抗寒性好；鲜地黄水分含量小，焙干率高，鲜干重比为3.9∶1。

2. 北京3号

该品种株型紧凑，叶片上举，倒卵形至长倒卵形，叶端圆钝，叶基渐狭呈楔形，叶缘有钝圆齿。块根纺锤形，芦头较长，一般5个左右，鲜地黄表皮鲜黄色。鲜干重比为（4.1～4.6）∶1。

3. 85-5

地黄品种85-5是温县农科所育种专家王乾琚以山东单县151为母本，金状元为父本杂交选育而成的高产质优地黄品种。该品种出苗早而整齐，地上部分生长较快而旺盛。株型紧凑，叶片上举，叶阔卵圆形，先端圆钝，叶基楔形，叶缘内折。块根薯状，芦头短粗，皮黄白色，肉质淡黄色而细腻。单株块根2～3个，块大。

4. 北京1号

北京1号系1964～1966年中国医学科学院用金状元和武陟1号为亲本杂交而成。该品种为半直立型植株，株型较小，整齐，适合密植。叶柄短细，叶阔圆形，叶缘齿状而较浅，叶基楔形，叶面皱褶少而小，叶色较淡。地下芦头短而细，一般长15cm左右；块根纺锤形，单株结块4～5个，块根多而小，皮浅黄色。适应性强，耐瘠薄，抗寒。鲜干重比为（4.1～4.7）：1。

5. 金状元

金状元是一个传统品种，系清末温县番田李景寿由野生地黄中选育而成。该品种植株肥大，株型较平展。基生叶片宽而肥大，呈长椭圆形，齿状叶缘，叶基楔形，叶柄粗壮，叶面呈青绿色，皱缩泡状隆起。单株块根少而大，呈粉黄、棕黄色。产量高，加工等级高，鲜干重比为（4～5）：1。但因退化严重，生产上基本无种植。

6. 北京2号

系1964～1966年中国医学科学院用小黑英和大青英为亲本杂交而成。该品

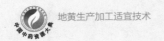
种株型较小、半直立、整齐，适合密植。每株叶数15～20枚，叶片长椭圆形，叶色浅绿，毛多，叶面皱褶不明显。地下块根膨大较早，颜色较浅，芦头短，块根生长集中，每株结3～5个。适应性强，耐瘠薄，抗寒。产量高，含水量及加工等级中等。鲜干重比为（4.1～4.7）：1。

7. 小黑英

小黑英系自然杂交地黄选育而成。该品种植株较小，株型较平展。每株叶数12～23枚，叶片卵圆形，深绿。芦头较短，块根拳状纺锤形，黄褐色。该品种适应性较强，较耐瘠薄。鲜干重比为4：1。

8. 邢疙瘩

邢疙瘩亦是地黄自然杂交选育而成。该品种株型平展而大。每株叶数15～30枚，叶片卵圆形，深绿，有光泽，叶面皱褶较大，明显突起。芦头较长，块根圆柱形，橙黄色。喜肥，不耐瘠薄。鲜干重比为5：1。

9. 茎尖16号

茎尖16号系通过组织培养技术，对金状元品种进行茎尖脱毒而育成的脱毒品种。该品种株型中等，平展。叶片卵匙状，叶面碧绿色，背面白。芦头中等，块根纺锤形。鲜干重比为（4～5）：1。

目前，怀地黄主产区主要栽培品种为金九、北京3号和85–5。

（二）选地、整地

1. 选地

地黄性喜阳光充足、温暖而干燥的气候。宜在土层深厚、土质疏松、腐殖质多、地势干燥、能排能灌的中性和微酸性土壤或砂质土壤中生长，黏土中则生长不良。不宜连作，连作植株生长不好，病害多。河南产地认为地黄应经6～8年轮作后，才能再行种植。前茬以蔬菜、小麦、玉米、谷子、甘薯为好。花生、豆类、芝麻、棉花、油菜、白菜、萝卜和瓜类等不宜作地黄的前作或邻作；否则，易发生红蜘蛛危害或感染线虫病。地黄喜肥，宜选择肥沃的土壤或多施有机肥。

2. 整地

产区于秋季深耕30cm，让土壤越冬风化，以减病虫越冬基数。结合深耕施入腐熟的有机肥60000千克/公顷，饼肥约2250千克/公顷。翌年春季解冻后，要精细耙磨，做到上虚下实，起埂做畦，畦宽130～180cm，不宜太宽和太长，否则不利于灌溉，还易积水，造成块根腐烂和病害增加（图3-1）。起垄一般垄面宽40～50cm，垄沟深20cm（图3-2）。

栽种麦茬地黄（或称晚地黄）的地块，可在麦收后施足底肥，抓紧时间深耕细耙，平整做畦，然后栽种，墒情不足要灌溉补水。麦茬地黄要尽量早种，以利于提高产量。

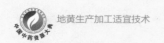

图3-1　地黄平畦栽培大田

图3-2　地黄起垄栽培大田

（三）播种和育苗移栽

地黄在生产上有种栽播种和育苗移栽两种栽培的方式，其中种栽播种是怀地黄主要的方式；育苗移栽是一项新的增产措施，具有延长生育期、节省种栽、生长整齐、结块根早、产量高等优点，该技术在山东淄博的高青、临淄、博山等区县进行推广使用，但怀地黄产区生产上目前较少使用，可考虑在栽培晚地黄或补苗时使用。

1．种栽种植

（1）播种时间　地黄多春播，为了保证地黄有充足的光照时间来进行光合积累，在确定地黄的播种期时，一定要以地黄能够出苗的最低温和出苗后不受冻害为依据，能提前尽量提前。主要产区药农有"早地黄要晚，晚地黄要早"的经验，即说明适时播种的重要性。从地黄种栽发芽所要求的温度看，日平均温度达10℃以上即可播种，适宜温度为18～21℃，在适宜温度下，光照充足，湿度相宜，10～20天即可出苗。

早地黄（或春地黄）在北京地区4月中旬播种；河南地区4月上中旬播种；南方地区地黄的播种期比北方要早。怀地黄产区，麦茬地黄可在麦收后及时整地，抓紧时间播种，播种期最迟不得晚于6月15日；麦茬地黄也可提前催芽育苗移栽；同时最好选用早熟品种，尽量减少产量损失。

（2）播种方法　种栽的准备工作如下。播种前，从倒栽田或留种田将地黄种栽挖出（图3-3），或将窖藏种栽取出，将种栽去头斩尾，然后截成2～3cm长的小段（图3-4），于40% 500倍多菌灵药液中浸泡10min，晾干后准备下种，或用生石灰拌种后播种（目前怀地黄产区多采用此法）（图3-5）。处理好的种栽

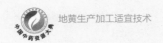

不宜久放，以免种栽腐烂或失水过多影响出苗率。

　　播种时，平畦按行距30cm开4～5cm深的浅沟（图3-6），起垄的在垄两侧中上部开同样的浅沟，在沟内每隔10cm放块根1段（每亩需种栽40～50kg）（图3-7），然后覆土，以不露出地黄种栽为度，以脚踩实（图3-8）。如果土壤墒情不好，应适当喷灌，待能进入田里时，覆膜，15～20天后出苗。另外，适当密植能够增产，但不同品种间种植密度有所差异。

| a. 倒栽培育的地黄种栽 | b. 挖取地黄种栽 |

图3-3　地黄倒栽田及种栽挖取

| a. 种栽分段处理 | b. 分段的地黄种栽 |

图3-4　地黄种栽分段处理

a.生石灰粉拌种　　　　　　　　　　b.生石灰粉处理好的种栽

图3-5　地黄种栽杀菌处理

a.平畦人工开沟　　　　　　　　　　b.平畦机械开沟

图3-6　播种前开沟

图3-7　播种　　　　　　　　　　　图3-8　覆土

由于农业机械的发展，目前怀地黄产区大的种植户多采用机械播种，播种机将起垄、开沟、置种栽、覆土、压实等过程同步完成（图3-9），大大节省了劳动力和生产成本。

图3-9　机械播种

2. 育苗移栽

（1）育苗　早春3月初，选择背风向阳的地块作为育苗地，建立育苗床。育苗床的大小要根据大田栽培面积而定，一般栽培10亩的地黄，需要培育1亩的种苗，即大田和育苗地的面积比一般为10：1。苗床采用斜面坡形，北高南低。一般采用2种建法，一种是北面用砖砌一道宽20cm、高30cm的墙，南面与地面平，两墙之间相距150～200cm，长短根据情况而定；第二种方法是北面、南面分别砌50cm和20cm高的砖墙，南北墙的高差仍为30cm，其他均同第一种方法。也可不砌砖，挖出畦内土垒成北墙。

墙砌好后，将苗床上30cm左右厚的土层全部挖出运出苗床外。苗床用200倍的代森新消毒后，再铺上20cm厚经过消毒的掺有适量土杂肥和磷酸二铵的细沙或细土，制作苗床，苗床要尽量平整，以免积水。将健壮无病虫害的地黄块根中上部，截成3.5cm长的小段，用50mg/kg或100mg/kg的生根粉溶液浸泡约30min，捞出晾干后，平摆在苗床上，间距1～2cm，盖上2cm厚经过消毒的细沙或细土。然后在苗床上覆盖塑料薄膜，保持温度在18～25℃，相对湿度70%～85%。在温度、湿度适宜的条件下，第10天幼苗破土而出。第18天，部分幼苗长至7～8cm，具8～12片叶时，可第一次提芽（即将嫩苗从母株种块上切下）栽培。以后每隔7～8天，当苗高7cm左右时，即可进行第二次、第三次提芽移栽。栽培结束后，育苗床仍保留半月，以供缺苗时补苗使用。

（2）移栽 育苗移栽的大田，一般采用高垄栽培。垄可做成2种形式：一种是垄面宽50cm，可栽3行；另一种是垄面宽30cm，可栽2行。垄两边留排水沟，排水沟上部宽30cm，深20cm。

整好垄后，提前12h先将育苗床浇透水，以方便提苗并减少机械损伤。垄面按行距25cm、株距18cm的密度挖3cm深的穴，并往穴内浇水，水下渗后立即栽苗。栽后3天要保持穴内土壤湿润，以利于生根生长。在地头垄旁还需栽一些苗，以备缺苗时补苗使用。移栽过程中剔除有花蕾的幼苗。

栽后要及时查苗补缺，发现死苗要立即补栽，保证苗齐、苗匀、苗壮。

（四）田间管理

1. 除去地膜

为延长地黄生长期、提高出苗率，采用种栽栽培时，播种后生产上多采用

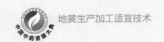

地膜覆盖。适期播种的地黄，一般播后15～20天出苗，出苗后要及时将地膜揭去，以免膜内温度、湿度过高而将幼苗烧死。

2. 间苗补苗

在地黄苗高3～4cm，即长出2～3片叶时，要及时间苗。一个块根可长出2～3株幼苗，间苗时从中留优去劣，每穴留1株壮苗。发现缺苗时及时补栽。补苗宜早不宜晚，最好选阴雨天进行，以提高补苗的成活率。补栽用苗要尽量多带原土，补苗后要及时浇水，以利幼苗成活。

3. 中耕除草

出苗后到封垄前应经常松土除草。幼苗期浅松土两次。第一次结合间苗进行浅中耕，不要松动块根处；第二次在苗高6～9cm时可稍深些。地黄茎叶快封垄前，地下块根开始迅速生长后，停止中耕，杂草宜用手拔，以免伤根。

4. 摘蕾和打底叶

为减少开花结实消耗养分，促进块根生长，当地黄孕蕾开花时，应结合除草及时将花蕾摘除。8月当底叶变黄时也要及时摘除黄叶。

5. 去"串皮苗"和"串皮根"

好的地黄品种，在栽培条件正常的情况下，从种栽上生出的不定根都可以生长成大小不等的块根。但有的品种，尤其是野生资源，部分或全部块根膨大到直径为0.2～0.5cm时就不再膨大，而且沿地表5cm左右处横向水平生长，并在其芽眼处生出许多小苗,严重时布满地表,和继续膨大的块根争夺水分和养分;这种横向生长的根称为"串皮根",也叫"柴根"(图3-10),由串皮根上生长出的苗称为"串皮苗"。

串皮苗只会消耗养分,影响块根膨大,没有任何经济价值,所以要及时拔除。拔除串皮苗要连同串皮根一同拔除,不要掀起

图3-10 地黄串皮根

3cm以下的土层,否则串皮苗会越拔越多。

如果过于干旱,土壤太硬,或是湿度过大,通气不良,养分吸收受阻,或者已经膨大的块根受损,或者生长过程中植株受病害的侵染而腐烂,都可能影响块根的膨大而产生串皮根。为减少串皮根的发生,应做好中耕、灌溉排水、施肥、病虫害防治的管理。如地黄幼苗期一般情况下不浇水,保持黄墒(土壤较为干旱,含水量仅为12%),这样可以促使根部往土壤深处生长。

6. 灌溉排水

地黄各个生长发育阶段对水分要求不尽相同,种栽发芽需要一定的水分,

保持土壤含水量15%～25%时，种栽即可发芽。前期，地黄生长发育较快，需水较多；后期块根大，水分不宜过多，最忌积水。生长期间保持地面潮湿，宜勤浇少浇。在生产中视土壤含水量适时、适量灌水，且对雨后或灌后的积水应及时排除。地黄适宜在含水量15%～20%的土壤中生长，广大药农总结的经验是：土壤手握成团，抛地即散。土壤过湿，块根生长不良；过于干旱，则影响整个植株的生长。适时适量浇水是地黄生产中的关键技术，产区群众总结为"三浇三不浇"的经验，即施肥后浇水，久旱无雨浇水，夏季暴雨后浇井水，地皮不干不浇水，中午烈日下不浇水，天阴欲雨时不浇水。地黄怕涝，在生产中注意排水工作（尤其在夏季），地黄田间积水一天就会引起根腐病、枯萎病或疫病发生，甚至造成大面积的死亡。

7. 追肥

地黄为喜肥植物，在种植中以施入基肥为主。适时适量对其进行追肥也有助于生长发育和块根肥大。在产区，药农采用"少量多次的追肥方法"。齐苗后到封垄前追肥1～2次，前期以N肥为主，以促使叶茂盛生长，一般每公顷施入人粪尿22500～30000kg或硫酸铵105～150kg。生育后期块根生长较快，适当增加P、K肥。生产上多在小苗4～5片叶时每公顷追施人粪尿15000kg或硫酸铵150～225kg，饼肥1125～1500kg。

（五）病虫害防治

1. 怀地黄的主要病害及其防治技术

（1）地黄疫病　地黄疫病在地黄生产中发生很普遍，对地黄产量影响很大，一定要采用综合防治技术。

①症状　地黄疫病发生初期只是近地面的块根处开始腐烂，病部组织由黄色变褐色，逐渐向地上部扩展，在其外缘叶片的叶柄上出现水浸状褐斑，并迅速向心叶蔓延，叶柄很快腐烂，叶片萎蔫。湿度大时，病部产生白色棉絮状菌丝体，后期离地面较远的块根干腐。严重的地块，地黄整株腐烂，只剩褐色表皮和木质部，细根也干腐脱落。田间发生是整片或点片干腐。

②病原　造成地黄疫病的病原菌称恶疫霉，属鞭毛菌亚门真菌。在V_8汁培养基上，菌丝体灰白色，棉絮状，边缘整齐，中等茂盛，菌丝无隔，无色透明，分枝较少，无结节现象，幼龄菌丝较细，老龄菌丝较粗，略呈浅黄色，分枝近直角。孢囊梗与菌丝无区别，合轴分枝，孢子囊顶生，数量大，无层出现象。孢子囊洋梨形，具明显乳突。孢子囊在水中易萌发，释放游动孢子。游动孢子肾形，休止时近球形。该菌为同宗配合菌，藏卵器数量多，球形，淡黄色，表面光滑。雄器扁球形，较小。卵孢子球形，淡黄色，生长最适宜温度为23～28℃，不形成厚壁孢子。

③发病规律　地黄疫病的恶疫霉菌以菌丝体和卵孢子随病残体组织遗留在

土中越冬。第二年在温度适宜情况下，菌丝或卵孢子遇水产生孢子囊和游动孢子，通过灌溉或雨水传播到地黄上萌发芽管，产生附着器和侵入丝穿透表皮进入寄主体内。遇到高温高湿条件，2～3天出现病斑，病斑上又产生大量孢子囊，借风雨或灌溉水传播蔓延，进行多次重复侵染。孢子囊释放出游动孢子，在叶面上静止2h后萌发或孢子囊直接萌发出芽管，开始从气孔的保卫细胞间隙侵入。菌丝在叶片细胞间和细胞内扩散，也有从气孔伸出菌丝，再从气孔侵入或在叶面上扩展蔓延，经几天潜育即表现症状。地黄疫病的发生蔓延与当年雨季到来迟早、气温高低、雨量大小、持续时间长短有关。一般进入雨季开始发病，遇大暴雨迅速扩展蔓延或造成大流行。发病早、气温高的年份病害重，连作田病害重，平畦栽培病害重，黏土地、氮肥多、长期大水漫灌、浇水次数多、水量大发病重。在同一块地里，地势低洼的地方易发病。

④防治方法

a. 轮作实行6年以上轮作，忌连作。

b. 采用高畦栽培　精细平整土地，不要出现高低不平，及早修好排水沟，避免田间积水。

c. 加强肥水管理　施用酵素菌沤制的堆肥，实施平衡配方施肥，增施磷、钾肥，适当控制氮肥。提倡节水灌溉，使用微滴灌和喷灌，禁止大水漫灌。下雨时及时排水，禁止田间积水。发现病株立即拔除，并在病株周围撒生石灰消毒。

d. 药剂防治 发现零星病株后，及时喷洒72%霜脲锰锌（克抗灵）可湿性粉剂800倍液，或72%杜邦克露800～1000倍液，或70%乙膦·锰锌可湿性粉剂500倍液，或18%甲霜胺·锰锌可湿性粉剂600倍液，每公顷用配好的药液750L，隔10天左右喷1次，连喷2～3次。

（2）地黄轮纹病 地黄轮纹病是地黄栽培中的常见病，叶片受害后，影响光合作用，降低产量和品质。

①症状 地黄轮纹病主要危害地黄叶片，病斑圆形或近圆形，有的受叶脉限制呈半圆形或不规则形，边缘清楚，直径2～12mm。发病初期浅褐色，后期中央略呈褐色或紫褐色，病斑上有明显的同心轮纹，故称轮纹病。病部有黑色小点，即病菌的分生孢子器，后期病斑易破裂，严重时病叶枯死。

②病原 地黄轮纹病的病原是地黄壳二孢，属半知菌亚门真菌。分生孢子器圆形，最初埋生在叶面，后突破表皮外露，器壁浅褐色，膜质。分生孢子无色透明，圆柱形，正直或略弯，两端较圆，具一隔膜，隔膜处稍皱缩或无。

③发病规律 地黄轮纹病的病菌以分生孢子器随病残体在土壤中越冬。第二年温度、湿度条件适宜，产生分生孢子进行初侵染和再侵染。一般在5月上旬开始发病，6月进入发病盛期，7月中旬后逐渐减少。湿度大发病重，氮肥偏

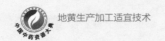

多发病重。

④防治方法

a. 农业防治　地黄收获后及时清洁田园，病残体集中烧毁或深埋。增施磷、钾肥，雨后及时疏沟排水，防止地面湿气滞留。对田间发现的病叶要及时摘除。

b. 药剂防治　发病初期喷洒70%代森锰锌可湿性粉剂500倍液，或5%百菌清可湿性粉剂600～700倍液，隔7～10天喷1次，连喷2～3次。

（3）地黄斑枯病

①症状　地黄叶上初期病斑为黄绿色，后呈黄褐色，较大，边缘不明显，圆形或不规则形，无同心轮纹。严重时病斑汇合，叶折卷，病斑上生小黑点，为病原菌的分生孢子器。

②病原　地黄斑枯病的病原菌属半知菌亚门真菌。分生孢子器黑色，球形，有孔口。分生孢子线形，多细胞。

③发病规律　该病以分生孢子器随病组织在土壤中越冬。翌年产生分生孢子为初侵染源。高温高湿有利于病害发生，7～8月病害最重。积水地块、重茬地、生长不良的地块发病重。

④防治方法

a. 农业防治　地黄收获后及时清园，集中处理病残株。加强田间管理，培育健壮植株。雨季及时排水，防止湿气滞留。实行6年以上轮作，不施未充分腐熟的有机肥。

b.药剂防治 发病初期喷洒50%甲基托布津可湿性粉剂600～800倍液，或50%苯菌灵可湿性粉剂1500倍液，或75%百菌清可湿性粉剂600～700倍液。

（4）地黄花叶病毒病 地黄花叶病毒病是普遍发生的地黄病毒病害，可引起地黄品种退化，块根逐年变小，产量下降。

①症状 病株叶片上产生圆形、多角形或不规则黄白色斑点或斑块，与正常绿色部分形成黄绿相间的花叶黄斑。嫩叶皱缩畸形，翻卷展不平，植株矮小，块根不能肥大。

②病原 地黄花叶病毒病的病原为烟草花叶病毒组的烟草花叶病毒的一个株系。病毒为直杆状。

③发病规律 病株的块根、叶、花等部位都有病毒。病毒在地黄栽子上越冬，用病株的块根作种栽就长出有病的植株。带病的块根与无病块根接触，15～20天后即可出现花叶症状。种子和根尖、芽尖一般不带毒。地黄花叶病一般5～6月出现症状，7～8月气温高时症状表现不明显，9月气温下降后症状又再度出现。蚜虫、叶蝉等是传毒媒介，田间管理人为使病健株汁液接触也是传毒的途径。地黄退化与病毒直接有关，退化严重的植株花叶黄斑症状明显，块根小。

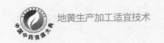

④防治方法

a. 农业防治 繁殖使用无病种苗，采用种子或茎尖脱毒快繁技术，培养无病毒种苗，并在生产过程中注意防止幼苗的再感染。通过杂交育种，选育抗病毒品种。加强田间管理，增施肥水，促进植株健壮，增强抗病毒能力。及时防治蚜虫、叶蝉等传播病毒的昆虫，减少传播病毒的机会。发现病株及早拔除，并带出地块处理。

b. 药剂防治 发病初期喷洒1.5%植病灵乳剂1000倍液，或83增抗剂100倍液。隔10天左右喷1次，连喷2～3次。

（5）地黄孢囊线虫病 地黄孢囊线虫病又称根结线虫病，发生较普遍，危害较重，重病田可减产90%以上。

①症状 线虫危害地黄的块根部，地黄受害后，植株明显矮小，叶片变黄，生长瘦弱，早期枯萎。病株地下部须根丛生，根上附有许多细小黄白色颗粒，为该线虫的雌虫及其形成的孢囊，影响地黄块根不能正常膨大。

②病原 病原是孢囊线虫，属线虫门。雄虫成线形，雌虫柠檬形，乳白色，孢囊黄褐色，以外寄生为主。孢囊附着于根皮上，一个孢囊内平均有卵200多粒，卵长圆形，一侧微弯。

③发病规律 孢囊线虫以孢囊、卵和2龄幼虫在地黄种栽或土壤中越冬。翌年5月上旬地黄出苗时，2龄幼虫破壳而出侵入块根组织在皮层中发育，经

过4个龄期变为成虫。线虫在田间传播主要通过田间作业的人畜携带有孢囊线虫的土壤、排灌流水和未经腐熟的有机肥，带有线虫的种栽则是远距离传播的主要方式。

环境条件和耕作制度影响线虫增殖速度和存活率，从而影响线虫的数量和发病程度。地黄孢囊线虫的发育适宜温度为17～28℃，在此范围内，温度越高线虫发育越快。

通气良好的沙壤土适合线虫的生长发育。田间湿度大时，卵和幼虫的生命力急剧下降，土壤黏重发病轻。连作地发病率为95%，而7年连作田地的发病率仅10%。

④防治方法

a. 轮作　与禾本科作物实行6年以上轮作。

b. 选留无病种栽　收获或倒栽时将病残株集中处理，尤其是老母（种栽）附近的细根更要深埋或烧毁。采用倒栽法留种，不用收获后捡剩下的小细地黄作种栽。

c. 药剂处理土壤　杀线虫药剂毒性均高，费用也高，所以能不用尽量不用。实在不得已时可用必速灭颗粒（即棉隆），每公顷90～105kg，在播种前15～20天均匀撒到地面，然后深翻到20cm深处，土温以12～18℃为宜，土壤含水量在40%以上。此药不能接触植物的根、茎、叶和种子，也不能接触人的皮

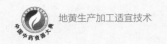

肤，还要注意防止药剂污染鱼塘。

d. 选用抗线虫病品种　地黄中早熟品种小黑英、北京3号等因地下块根膨大迅速，须根较少，线虫侵入机会少，表现抗病。金状元等晚熟品种则最易感病。

e. 种栽处理　种栽用45℃温水浸泡15分钟。

2. 怀地黄的主要虫害及其防治技术

（1）银纹夜蛾　银纹夜蛾属鳞翅目夜蛾科害虫，别名菜步曲、豆尺蠖、大豆造桥虫、豆青虫等。

①寄主　四大怀药、蔬菜、豆类等作物。

②危害特点　幼虫咬食怀地黄等植物叶片，将叶片咬食成孔洞、缺刻，或全部吃光，并排泄粪便，污染被害植株。

③形态特征　成虫体长12～17mm，翅展32mm左右，体灰褐色。前翅深褐色，基线和内线银色，翅中央有一显著的"U"形银色纹，其后方有一近三角形的银斑点；后翅暗褐色，有金属光泽。卵半球形，长0.5mm左右，淡黄色。老熟幼虫体长30mm左右，体青绿色，头胸部小，向尾部渐粗；头部绿色，两侧有黑斑，胸足及腹足皆绿色；第一至第二对腹足退化消失，行走时体背拱曲；背面有6条白色细小的纵线。茧粉白色；蛹体瘦长，约18mm，蛹初为灰绿色，羽化前变深褐色；腹部第一至第二节气门孔突出，色深而明显；后足超过前翅外缘，到达第四腹节的1/2处；腹末有尾刺1对。

④生活习性　银纹夜蛾在焦作地区1年发生4～5代，以蛹越冬。成虫多在夜间活动，趋光性较强。成虫产卵于地黄、牛膝等作物叶背面，散产或3～6粒一堆。初孵幼虫在叶背取食叶肉，剩下表皮，呈箩底状，并能吐丝下垂，转移危害；3龄后食量大增，4～5龄进入暴食阶段，取食全叶及嫩尖；幼虫有假死性，咬食怀药及蔬菜叶成孔洞或缺刻，幼虫老熟后在叶背面吐丝结茧化蛹。

⑤防治方法　用每克含100亿个以上孢子青虫菌粉剂1500倍液喷洒防治。或幼虫3龄前喷洒10%吡虫啉可湿性粉剂2500倍液，或90%敌百虫800～1000倍液，或50%辛硫磷乳液2500倍液防治。

（2）棉小造桥虫　棉小造桥虫属鳞翅目夜蛾科害虫，别名量步曲、步曲等。

①寄主　怀地黄、怀牛膝、棉花等。

②危害特点　幼虫危害怀地黄等作物的叶片，造成缺刻或孔洞，常将叶片吃光，仅留茎秆，或将植株顶部吃掉，仅剩下部。直接影响地黄块根的产量和质量。

③形态特征　成虫体长10～13mm，翅展26～32mm，头胸部橘黄色，腹部背面灰黄至黄褐色；触角雌虫丝状，雄虫梯齿状；前翅雄虫黄色，雌虫淡黄色，前翅外缘中部向外突出呈角状，翅内半部淡黄色，密布红褐色小点，外半

部暗黄色；亚基线呈半椭圆形，亚端线紫灰色锯齿状，环纹白色并有褐边，肾纹褐色，上下各具1黑点。卵扁椭圆形，长0.63mm左右，高0.3mm左右，青绿至褐绿色，顶部隆起，底部较平，卵壳顶部花冠明显，外壳有纵横脊围成不规则形方块。幼虫体长33～37mm，宽3～4mm，头淡黄色，体黄绿色；背线、亚背线、气门上线灰褐色，中间有不连续的白斑，以气门上线较明显；第一对腹足退化，第二对较短小，第三四对足趾钩18～22个；爬行时虫体中部拱起，似尺蠖。蛹红褐色，头中部有1乳头状突起，臀刺3对，两侧的臀刺末端呈钩状。

④生活习性　1年发生3～4代。1代幼虫危害盛期在7月中下旬，2代在8月上中旬，3代在9月上中旬。成虫有趋光性。卵散粒。初孵幼虫活跃，受惊滚动下落，一二龄幼虫取食下部叶片，稍大转移至上部危害，4龄后进入暴食期，常将叶片吃光。低龄幼虫受惊吐丝下垂，老龄幼虫在叶间吐丝卷包，在包内化蛹。天敌有绒茧蜂、悬姬蜂、赤眼蜂、胡蜂、瓢虫等。

⑤防治方法

a.灯光诱杀　利用成虫的趋光性，架设黑光灯和谱振灯诱杀成虫。

b.药剂防治　做好测报工作，掌握在幼虫孵化盛末期至3龄盛期，100株幼虫达100头时，喷洒20%甲氰菊酯乳油1500倍液或50%辛氰乳油1500～2000倍液，或用每克含100亿个以上活芽孢的苏云杆菌可湿性粉剂500～1000倍液喷洒。

（3）斑须蝽　斑须蝽属半翅目蝽科害虫，别名臭斑蝽。

①寄主　怀地黄、烟草、蔬菜、粮食等作物。

②危害特点　斑须蝽以成虫或若虫刺吸怀地黄等作物的顶心、嫩叶、嫩茎的汁液，被害部位出现黄褐色斑点，严重时造成上部叶片卷曲或整个心叶萎蔫下垂，最后变褐枯死，影响怀地黄等作物的生长，造成减产。

③形态特征　成虫体长8～14mm，宽6mm左右，椭圆形，黄褐色或紫色，背上密布黑色小点，喙细长，紧贴在腹上。触角黑白相间，小盾片黄白色，末端圆滑。虫体碰触后散发出一种难闻的气味，故别名臭斑蝽。

④生活习性　1年发生3代，成虫在墙缝里、杂草中、树皮下越冬。翌年春季日平均温度达14～15℃时开始活动，4月初可见到越冬成虫在寄主作物上繁殖；危害3代后，到11月成虫再找越冬场所进行越冬。成虫能飞善爬，行动敏捷，多将卵产在植株的幼嫩部位。卵块状，每块卵10～20粒，每雌虫产卵26～112粒。卵孵化期因温度而定，一般3～6天，初孵若虫先聚集在卵壳周围不食不动，2～3天蜕过皮后才分散取食。若虫5龄，成虫寿命12～14天，完成1代历时40天左右。斑须蝽发生适宜温度为24～26℃，相对湿度为80%～85%。天敌有斑须蝽卵寄生蜂、稻蝽小黑卵蜂等。

⑤防治方法

a. 人工捕杀　6月中旬成虫进入盛发期，可人工捕杀成虫，随即摘除

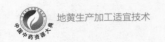

卵块虫。

b. 生物防治　释放斑须蝽的天敌进行生物防治。

c. 药剂防治　在怀地黄田100株有虫25头左右时，喷洒10%氯氰菊酯乳油5000～6000倍液，或2.5%敌杀死乳油3000倍液，或20%甲氰菊酯乳油2000倍液。

（4）棉红蜘蛛　棉红蜘蛛属蜱螨目叶螨科害虫，别名火蜘蛛、火龙，包含朱砂叶螨、二斑叶螨等的混合体，由于个体小难分辨，且均为红色，所以统称棉红蜘蛛。

①寄主　棉红蜘蛛主要危害怀地黄、怀菊花、棉花、蔬菜等作物。

②危害特点　棉红蜘蛛以成螨、若螨群集怀地黄、棉花、瓜菜等作物叶背吸食汁液，被害叶面呈现黄白色小点，严重时变黄枯焦，以致脱落，影响生长，造成减产。

③形态特征　雌成螨背面椭圆形，体长0.42～0.59mm，体色一般呈红褐色、锈红色，体背两侧各有深褐色长斑1个，斑从头胸末端起延到腹部后端，有时分隔为两块，前一块较大。雄成螨背面近三角形，比雌成螨小，体长0.26～0.36mm，体色变化很大，一般呈红色、黄色、绿色或墨绿色。卵圆球形，光滑，直径0.13mm，初产时无色透明，渐变为暗红黄色，孵化前透出红色眼点。幼螨体近圆形，初孵时无色透明，体长约0.15mm，取食后体变暗

绿色，足3对。幼螨蜕皮后进入若螨期，若螨体椭圆形，长约0.21mm，身体红色，足4对。

④生活习性 在焦作地区1年发生10～20代。以雌成螨潜伏在怀地黄叶、土缝及杂草根部越冬，春季当杂草萌发时开始活动，当平均（5天）气温达7℃以上开始产卵，卵散产于叶片背面，当平均气温达10℃以上卵开始孵化，在杂草上和越冬寄主上繁殖危害，以后再迁移到菜地、地黄等地里危害。首先在田边点片发生，先危害下部叶片，而后向上蔓延。成螨、若螨均在叶背吸食汁液，受害叶最初出现黄白色斑，后变红。棉红蜘蛛有吐丝结网和群集习性，繁殖数量过多时，常在叶端群集成团，滚落地面，或整团被风刮走，向四周爬行扩散。棉红蜘蛛发育起点温度为8℃左右，最适宜温度为25～30℃，最适相对湿度35%～55%，因此高温、干旱对繁殖极有利，大雨对其有冲刷作用。以5月底至7月初危害最重；6～8月如遇高温少雨能引起大发生；栽培管理粗放、地干旱缺水、草荒地受害较重。天敌有30余种。

⑤防治方法

a. 农业防治 清除杂草，消灭虫源，田间收获后清除残枝落叶，晚秋、早春结合积肥清除杂草。生长季节，要及时除草，避免草荒，既有利于作物生长，也有利于消灭红蜘蛛的滋生地。注意追肥、浇水，促进作物生长，可增强抵抗力。田间湿度大，可抑制红蜘蛛的发生。

b. 生物防治　红蜘蛛的天敌有30多种，应注意保护，发挥天敌的自然控制作用。

c. 药剂防治　加强虫情检查，将红蜘蛛消灭在点片发生阶段。可首选仿生农药1.8%农克螨乳油2000倍液，其效果极好，持效期长，并无药害。还可用20%灭扫利乳油2000倍液，或10%吡虫啉可湿性粉剂1500倍液，或1.8%爱福丁（BA-1）乳油抗生素杀虫杀螨剂5000倍液，一般喷洒防治2～3次。

（5）蓟马　蓟马属缨翅目蓟马科害虫，别名葱蓟马、烟蓟马、棉蓟马。

①寄主　蓟马是一种食性很杂的害虫，主要危害怀地黄、怀菊花、蔬菜、粮食等作物。

②危害特点　蓟马的成虫和若虫均以锉吸式口器吸取植物汁液。在被害作物的叶背和幼嫩部位吸食危害，形成银白色斑，伴随有小污点，叶正面相对部位呈灰黄色斑点，受害严重的叶背如涂一层银粉，导致叶片变黄干枯，嫩叶、嫩梢干缩，影响生长。严重发生时，可造成减产50%左右。

③形态特征　成虫体长1～1.3mm，翅展1.8mm，黄白色或褐色，表面光滑。复眼紫红色。触角7节，黄褐色，第三至第五节基部颜色较浅，第三节细长。前胸背板宽为长的1.6倍，整个前胸背板上有稀疏的细毛。前翅深黄褐色，后翅色稍淡；翅边缘有很多长而整齐的缨毛，在后缘接近后角处各有两根粗而长的刚毛。足与体色相似，第二跗节显著比第一跗节长；后足胫节内缘有刺。

第二至第八腹节前缘各有1黑褐色横纹。卵长0.2mm左右，肾脏形，但随着胚胎发育，渐渐变成卵圆形，将要孵化时可通过卵壳见到红色的眼点。2龄若虫体长可达0.9mm，与成虫很相似，复眼暗红色，前胸背板淡褐色，足淡灰色，触角6节。蛹（又称伪蛹）分前蛹（3龄）和蛹（4龄若虫），与第2龄若虫相似，有翅芽，会活动。

④生活习性　蓟马1年发生10余代，几乎各虫态均可越冬。成虫和若虫可在越冬的大葱、大蒜的叶鞘内越冬，或在杂草或作物残株间越冬，前蛹和蛹在危害处附近的土壤里越冬。早春可在越冬寄主上繁殖危害，以5～6月危害最重，6月以后由于温度高，雨水多，对蓟马的发生有抑制作用。

成虫很活泼，能飞能跳又能借风力传播，所以传播扩散很快。成虫喜暗怕光，白天多在叶阴或叶背面危害；但在早晨、傍晚和阴天，则叶面正反面均可被危害。成虫能进行孤雌生殖，整个夏季几乎见不到雄虫，到秋季才能见到。雌虫产卵时，将锯状产卵管刺入被害植物组织中，一粒一粒地产，每头雌虫可产卵数十粒至百余粒。卵发育到后期稍膨胀，在叶面上出现小的突起。

卵期在5～6月份，需6～7天，初孵化的若虫有群集危害习性，稍大后即分散。若虫成熟后爬下植株，或直接落入土中蜕皮为前蛹，前蛹期一般只需1～2天就蜕皮成蛹。蛹期仍在土中度过，需4～7天，所以完成一个世代需20多天。

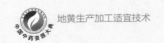

平均温度在15℃时，完成1个世代至少需35天。6月中旬是成虫猖獗危害期，6月下旬到7月初若虫数量猛增。蓟马还有转换寄主危害的习性。干旱对其大发生有利，降雨对其发生和危害有直接的抑制作用。

⑤防治方法

a. 农业防治　早春清除杂草或残株、落叶，集中烧毁和深埋，消灭越冬成虫和若虫。勤灌水，勤除草，以减轻危害。

b. 药剂防治　在蓟马发生初期，可喷洒10%吡虫啉可湿性粉剂2000倍液，或1.8%爱比菌素乳油2000倍液，或喷洒50%辛硫磷乳油2000倍液。

（6）地黄拟豹纹蛱蝶　地黄拟豹纹蛱蝶属鳞翅目蛱蝶科害虫。

①寄主　怀地黄等多种植物。

②危害特点　幼虫咬食地黄叶片成缺刻或全部食光。卵产在叶背，幼虫初孵时多集中于叶面，此时为防治有利时机。后期随食量增加而扩散危害，7～8月发生最多。春夏季早地黄、秋季晚地黄受害重。

③形态特征　成虫体较大，前后翅赫红色，翅边缘有黑色波纹。幼虫黑色，有9条纵列的刺突。

④生活习性　每年发生3～4代，以3～4龄幼虫在残株枯叶内或地表土缝中越冬。幼虫危害地黄叶片，咬成缺刻甚至全部吃光。4～5月地黄出苗展叶后开始发生，3龄以前群集于叶背处危害。

⑤防治方法

a. 人工捕捉　在幼虫初孵集中危害期人工捕捉。

b. 药剂防治　在低龄幼虫期喷洒90%晶体敌百虫1000倍液，或20%灭幼腺1号胶悬液500～1000倍液，或50%辛硫磷乳油1500倍液。

（7）大青叶蝉　大青叶蝉是同翅目叶蝉科害虫。

①寄主　大青叶蝉是多食性害虫，危害怀地黄、怀菊花等多种作物。

②危害特点　成虫和若虫刺吸叶片汁液，造成白色斑点。受害严重时，斑点密集，叶片失绿，影响光合作用，使植株长势衰弱。

③形态特征　成虫7～10mm，青绿色。头部颊区近唇基缝处左右各有1个小斑。触角上方两单眼之间有1对黑斑。头冠前部左右各有1组淡褐色弯曲横纹。中胸小盾片淡黄绿色，中间横纹刻痕较短。前翅绿色，端部透明；后翅烟黑色，半透明。卵长筒形，长1.6mm，白色微黄，中间弯曲，一端稍细，表面光滑。1～2龄若虫体色灰白而微带黄绿色，头冠部皆有两黑点状斑纹；3龄若虫胸腹部出现4条暗褐色纵纹，有翅芽；4～5龄若虫翅芽较长，并出现生殖节。

④生活习性　1年发生3代，以卵越冬。越冬翌年3月下旬开始发育，4月上旬若虫开始孵化，历期约5个月。若虫孵出后常聚集取食，以后分散危害。成虫刚刚羽化体色较浅，体色变为正常后，行动活泼。一般以中午或午后气候温

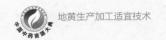
和的晴朗天气活动较盛。成虫趋光性较强。雌虫交尾后1天可产卵，每头雌虫平均产卵87粒，产卵时间以中午最多，雌成虫产卵后即死去。

⑤防治方法

a. 合理间作套种　种植怀地黄要避免与大青叶蝉的其他害主如豆科、十字花科作物间作套种，以减少危害药用植物的虫源。

b. 灯火诱杀　夏季灯火诱杀第二代成虫。

c. 药剂防治　在成虫、若虫集中危害时期，及时喷撒2.5%敌百虫粉，每公顷30kg，或喷洒2.5%保得乳油2000～3000倍液，或10%大功臣可湿性粉剂3000～4000倍液。

三、采收与产地加工

（一）采收

怀地黄9月下旬地上部生长基本停滞，叶逐渐枯黄，茎干萎缩，停止生长，营养物质全部转移到块根中，进入休眠期，10月中、下旬地上叶片基本枯死，中心小叶片（即生长点）由青绿转黄。实地调查结果表明，怀地黄的最佳采收期在11月中下旬顶芽枯萎至第二年2月底萌发芽之前。采挖时有人工和机械（图3-11）两种方式，以将块根完全翻出为宜，挖取怀地黄应尽量避免伤及块根。

图3-11　机械采收

（二）加工

1. 加工历史

《神农本草经》记载："干地黄味甘寒，主治折跌绝筋伤中……做汤，除寒热积聚，除痹，生者尤良。"明朝李时珍在《本草纲目》中对这段论述作了解释，说："《本经》所谓干地黄者，乃阴干、日干、火干者，故又云生者尤良。《别录》复云生地黄者，乃新掘鲜者，故其形大寒，其熟地黄乃后人复蒸晒者，诸家本草皆指干地黄为熟地黄，虽主治证同，而凉血补血之功稍异。"

从上可以看出，在最古的时候，地黄是以鲜品入药的。到了《神农本草经》的时代，已经分干地黄与鲜地黄。这是因为古人在自己的医疗实践中，感到鲜地黄不易常年保存，又发现鲜地黄与干地黄的药性也不完全一样，就将鲜

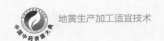

地黄制成干品，以便常年供应；而制成干品的方法，先是"阴干"，后是"日干"，再后才采取"火干"。

随着中医药学的发展，药材炮制经验的累积，就又出现了蒸制熟地黄的方法。《本草崇原》中说："后人蒸合为丸，始有生地、熟地之分。"《本草经百种录》记载："古方只有干地黄、生地黄之分，从无用熟地黄者。熟地黄乃唐以后制法，以之加入温补肾经药中，颇为得宜。"《本草正义》说："古恒用其生而干者，故曰干地黄，即今之所谓原生地也。然《本经》独于此味用一干字，而又曰生者尤良，则指鲜者言之，可知干地、鲜地，六朝以前，本已分为两类，但辨别主治，犹未甚严。至《名医别录》则更出生地黄一条，显与干地黄区别。其主治则干者补血益阴，鲜者凉血清火，功力治疗，不复相混。然究属寒凉之品，惟虚而有熟者为宜。若真阴不充，而无热证，则用干地，犹嫌阴柔性质，不利于虚弱之脾胃。于是唐宋以来，有制为熟地黄之法……"到明朝李时珍的《本草纲目》就把熟地黄列出专条论述了。他说："其熟地黄乃后人复蒸晒者。诸家本草皆指干地黄为熟地黄，虽主治证同，而凉血补血之功稍异，故今别出熟地黄一条于下。"上面的论述都说明，在生地黄、干地黄之后，至迟到了唐朝，就又发明并应用了蒸制熟地黄之法。

现在，随着科学技术的进步，人们不仅对地黄的加工炮制有了新的认识，

而且对地黄的化学成分、药理作用、各种炮制方法对地黄药用品质的影响等，都进行了更深入的探索，使地黄的应用建立在科学之上。

2. 生地黄的加工

地黄采收后，就要及时加工成生地黄。古人加工生地黄有"阴干、日干和火干"三种方法。所谓阴干、日干，就是将刨收回来的鲜地黄除去泥土，放在荆篓内（或其他容器内），反复摇转，使地黄滚动，去外皮，然后摆放于芦席或苇箔上，置阴凉、不见日光处干燥的称阴干，置阳光下暴晒干燥的称日干。使用这两种干燥法，都要等到七八成干时，收拢堆闷若干天，使之回润，然后再摊到苇箔或芦席上晾晒，直到地黄柔软干燥、无硬心为止。这两种加工方法，最适合燃料极度缺乏的地区。但因冬季阳光弱、热力小、干燥慢，不仅用时长、费工多，而且影响品质，成品油性小；所以产地应用最多的还是火干，即建造地黄焙炕，生火炉烘干。此外，随着科技的发展，部分企业则采用仪器设备进行加工。

（1）烘焙法

砌焙炕：农户大多在室内建灶，用砖挨着墙砌一个长2.2m、宽1.1m、高1.2m（在实际调查过程中，在产地发现焙炕的长度、宽度因加工产地的规模而变化，或可根据加工量确定）的长方形焙炕（图3-12）。加热方式采用煤球加热（少数农户用沼气）。

图3-12　焙炕

分档装焙：将采挖的鲜地黄除去芦头、须根，大小分档，将鲜地黄均匀摊放到焙炕上，一般摊放的厚度以30cm左右为宜。

初焙：地黄装焙后缓缓加热到温度保持在50～60℃为宜。在初焙时温度不宜过高或过低，温度过高则会发生地黄"焦枯"，使地黄"外熟内生"，温度过低会焙出汁液，引起地黄发酸、发霉影响成品质量。初焙的时间一般需要一天半左右（根据地黄的大小确定）。

翻焙：地黄在烘焙过程中应适时翻焙，在初焙过程中可一天翻焙一次。翻焙后温度应适当提高至70～75℃（最高温度不宜超过80℃），以后每天翻焙2～3次。在翻焙时应随时挑拣出身发软的成货。每焙一炕成货一般需要4～5天。

发汗：将地黄下焙后，堆积，用麻包覆盖"发汗"7天左右，待地黄内部汁液渗出体外而"大汗淋漓"时，通风换气，使地黄表里柔软一致时，再进行第二次烘焙。

二焙：将经过堆积"发汗"的地黄装焙，进行第二次烘焙，温度应控制在60～70℃，勤翻动，防焦枯，焙至表里柔软一致内无硬心为度。一般需要一天左右的时间。加工后的成品多呈不规则的团块或长圆形，中间膨大，两端稍细，表面灰黑色或灰棕色，极皱缩，具不规则的横曲纹。体重，质较软，不易折断，断面黄棕色、棕褐色或棕黑色，中间隐现菊花心纹，有光泽，具黏性。无臭，味微甜。

（2）现代热风干燥法　地黄采挖后，除去茎叶和泥沙，分档后放入循环水清洗机中清洗，冲洗干净后将水分控干，放入竹筐中用推车推进循环热风干燥设备（图3-13）中，加热方式主要是蒸汽热风，设定温度70℃，加热到发软内无硬心的状态即可推出干燥设备，放进闷放区，待闷至地黄内部汁液渗出体外而"大汗淋漓"时，再装入推车推进干燥设备中，设定温度为60℃，加热至地黄表面顶手，内无硬心即可出干燥设备，摊凉，包装即为成品。加工后的成品多呈不规则的团块或长圆形，中间膨大，两端稍细，表面灰黑色或灰棕色，极皱缩，具不规则的横曲纹。体重，质较软，不易折断，断面黄棕色、棕褐色或棕黑色，中间隐现菊花心纹，有光泽，具黏性。无臭，味微甜。

（3）晒干法　鲜地黄收获以后搓掉泥土，不用水洗，直接在太阳底下摊

图3-13 热风干燥设备

晒，一星期左右以后收集到室内堆积发汗，然后摊在室外继续晒，直至质地柔软符合产品规格为止，再进行包装。此种方法受到天气和气温的影响很大，在比较干燥的晴天气温较高的情况下容易完成，如果遇到阴雨连绵天气会造成地黄腐烂、变质，难以干燥。怀地黄的收获季节一般都在11月底，此种方法受天气影响较大，故在原产地基本上淘汰了。

3. 熟地黄的加工

熟地黄的加工历史，虽不像生地黄那样悠久，但加工的内容却十分丰富，仅就辅料而论，就有醋、酒、蜜、姜汁、砂仁、茯苓、黄连、沉香、盐、面、人乳、山药、蛤粉、红花等，而且还有用两种或两种以上辅料合并使用的，其中以黄酒拌蒸最为常见。

　　用黄酒拌蒸炮制的方法为：按每10kg地黄用黄酒3kg的比例配料，将浸拌好的生地黄放入蒸屉内，置于蒸锅上密封，然后加热蒸制。待蒸到地黄体内外黑润，无生心，有特殊焦香气味，即传统讲的"黑如漆、亮如油、甜如饴"时，取出置于竹席或竹帘上晒干即成。

第4章

地黄特色
适宜技术

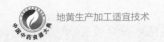

一、地黄脱毒苗的繁育

长期无性繁殖的地黄，感染病毒严重，致使种质退化，进而影响药材产量和品质。为此，可采用组织培养技术进行地黄脱毒苗的培养，以减少病毒对地黄生产的危害。

种苗繁育选择优良品种作为脱毒材料。取地黄茎顶部2～3cm的芽段，剪去较大叶片，消毒后在超净工作台内，解剖镜下剥离茎尖培养，诱导茎尖苗，待苗长至3～4片叶时移至营养钵内进行病毒检测，获得的脱毒苗通过切断快繁和丛生快繁获得脱毒试管苗，通过多代繁育应用于大田。良种繁殖田的种植栽培管理同普通怀地黄一样，但使用田块应为无病留种田。另外，脱毒怀地黄连续在生产上使用两年后应更换一次新种栽。

二、鲜地黄的加工

鲜地黄保存比较困难，容易腐烂，无法满足中医临床需要，可将鲜地黄加工成鲜地黄片、鲜地黄粉或鲜地黄条，以代替鲜地黄使用。

（一）鲜地黄片的加工

1. 烘干法

取地黄的新鲜块根，洗净泥沙，晾干表面水分，切成厚1cm的圆片，待电热鼓风干燥箱温度达到70℃后，放入切好的地黄片，21h后取出即可，鲜地黄切片表面黄棕色至棕褐色，皱缩（图4-1）。该法也可以用远红外干燥箱（图4-2）、微波干燥箱（图4-3）等。

2. 冷冻干燥

取地黄的新鲜块根，洗净泥沙，晾干表面水分，切成厚1cm的圆片，置冰箱中预冷至冻结，放入冷冻干燥机中，开机在压力7.7×10^{-2}mbar下至干燥，加工后的片状成品表面颜色为黄色（图4-4）。

图4-1　电热鼓风干燥法切片

图4-2　远红外干燥法切片

图4-3　微波干燥法切片

图4-4　冷冻干燥法切片

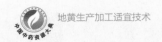
（二）鲜地黄粉的加工

取地黄的新鲜块根，洗净泥沙，晾干表面水分，切成粗粉状，置冰箱中预冷至冻结，放入冷冻干燥机中，开机在压力7.7×10^{-2}mbar下至干燥，加工后的粉状成品表面颜色为黄色（图4-5）。

图4-5　冷冻干燥粉

（三）鲜地黄条的加工

取地黄的新鲜块根，洗净泥沙，晾干表面水分，切成条状，置冰箱中预冷至冻结，放入冷冻干燥机中，在压力7.7×10^{-2}mbar下开机，至鲜地黄干燥，加工后的条状成品表面颜色为黄色。

第5章

地黄药材质量评价

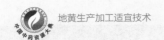

一、地黄本草考证与道地沿革

1. 地黄本草考证

《图经本草》记载，地黄"二月生叶，布地便出，似车前，叶上有皱纹而不光。高者及尺余，低者三四寸。其花似油麻花而红紫色，亦有黄花者。其实作房如连翘，中子甚细而沙褐色。根如人手指，通黄色，粗细长短不常。"其描述与当前所用地黄原植物一致。

《本草衍义》记载，地黄叶如甘露子，花如脂麻花，但有细斑点，北人谓之牛奶子花，茎有微细短白毛。"如果当时的甘露子与现在所指为同一植物的话，则其描述可能有误。

李时珍曰："其苗初生塌地，叶如山白菜而毛涩，叶面深青色，又似小芥叶而颇厚，不叉丫。叶中撺茎，上有细毛。茎梢开小筒子花，红黄色。结实如小麦粒。根长四五寸，细如手指，皮赤黄色，如羊蹄根及胡萝卜根"。可见其描述的叶片与《图经本草》相近，根的描述与野生地黄接近。所载"曝干乃黑，生食作土气"也属地黄的特征。"结实如小麦粒"可能是参考了陶弘景的记载"生渭城者乃有子实如小麦"。《本草蒙鉴》中地黄插图的花果部分也绘成了麦穗状。可能作者当时未见地黄开花状态，或所指其他植物。

《本草乘雅半偈》称"汁液最多，虽暴焙极燥，顷则转润"，反映了根含糖量大，易吸潮的特性。《药性蒙求》曰："以怀庆（地黄）肥大而短，糯体，皮细，菊花心者佳。"菊花心即地黄形成层的形状，这是历代药商鉴定地道货的标志。《植物名实图考》中的"摘花食之，诧曰蜜罐"，揭示了地黄花冠基部有蜜腺，其图首次比较确切地反映了地黄的形态特征。

可见，虽然对地黄的认识有过曲折，但多数描述与玄参科植物地黄相一致。

2. 地黄道地沿革

《神农本草经》称地黄"生川泽"。《名医别录》载："地黄生咸阳川泽黄土地者佳。"陶弘景称："咸阳即长安也……以彭城干地黄最好，次历阳，近用江宁板桥者为胜。"《证类本草》认为翼州（今河北翼县）和沂州（今山东临沂县）地黄优良。《图经本草》记载："今处处有之，以同州（今陕西大荔县）为上。"《植物名实图考》中有"千亩地黄，其人与千户侯等；怀之谷，亦以此减于他郡"，可见怀庆当时地黄生产的繁荣。《本草品汇精要》在"道地"项下记载："今怀庆者为胜"。《本草蒙筌》称地黄"江浙壤地种者，受南方阳气，质虽光润而力微；怀庆山产者，禀北方纯阴，皮有疙瘩而力大。"李时珍曰："今人惟以怀庆地黄为上"。《植物名实图考》曰："地黄旧时生咸阳、历城、金陵、同州。其为怀庆之产，自明始，今则以一邑供天下矣。"

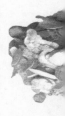

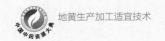

可见古代对于优质地黄产地的认识几经变迁，但自明朝以来，已确立了怀庆地黄的道地药材地位。

新中国成立以后，由于用药量的增加，许多省份进行了引种，经过试验，目前已经形成了原怀庆辖区，即现在河南省焦作的温县、武陟、孟县、博爱、沁阳、修武等县区为中心的黄河中下游沿岸地黄主产区（河南、山西和山东），这与古代所记载的优质地黄产区位于相近的纬度上。可见古今对地黄产地的认识十分一致。目前其他地区如河北、安徽、辽宁、江苏等省区亦产，但面积较小。

二、地黄的药典标准

此处仅介绍鲜地黄和生地黄《中华人民共和国药典》（2015年版）中的相关标准（以下简称《中国药典》）。

1. 性状

（1）鲜地黄　如图5-1所示，呈纺锤形或条状，长8～24cm，直径2～9cm。外皮薄，表面浅红黄色，具弯曲的纵皱纹、芽痕、横长皮孔样突起及不规则疤痕。肉质，易断，断面皮部淡黄白色，可见橘红色油点，木部黄白色，导管呈放射状排列。气微，味微甜、微苦。

图5-1　鲜地黄

（2）生地黄　如图5-2所示，多呈不规则的团块状或椭圆形，中间膨大，两端稍细，有的细小，长条状，稍扁而扭曲，长6～12cm，直径2～6cm。表面棕黑色或棕灰色，极皱缩，具不规则的横曲纹。体重，质较软而韧，不易折断，断面棕黑色或乌黑色，有光泽，具黏性。气微，味微甜。

图5-2　生地黄

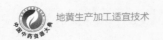

2. 鉴别

（1）本品横切面 木栓细胞数列。栓内层薄壁细胞排列疏松；散有较多分泌细胞，含橙黄色油滴；偶有石细胞。韧皮部较宽，分泌细胞较少。形成层成环。木质部射线宽广；导管稀疏，排列成放射状。

（2）粉末 生地黄粉末深棕色。木栓细胞淡棕色。薄壁细胞类圆形，内含类圆形核状物。分泌细胞形状与一般薄壁细胞相似，内含橙黄色或橙红色油滴状物。

（3）取本品粉末2g，加甲醇20ml，加热回流1h，放冷，滤过，滤液浓缩至5ml，作为供试品溶液。另取梓醇对照品，加甲醇制成每1ml含0.5mg的溶液，作为对照品溶液。照薄层色谱法试验，吸取上述两种溶液各5μl，分别点于同一硅胶G薄层板上，以三氯甲烷–甲醇–水（14：6：1）为展开剂，展开，取出，晾干，喷以茴香醛试液，在105℃加热至斑点显色清晰。供试品色谱中，在与对照品色谱相应的位置上，显相同颜色的斑点。

（4）取本品粉末1g，加80%甲醇50ml，超声处理30min，滤过，滤液蒸干，残渣加水5ml使溶解，用水饱和的正丁醇振摇提取4次，每次10ml，合并正丁醇液，蒸干，残渣加甲醇2ml使溶解，作为供试品溶液。另取毛蕊花糖苷对照品，加甲醇制成每1ml含1mg的溶液，作为对照品溶液。照薄层色谱法试验，吸取上述供试品溶液5μl、对照品溶液2μl，分别点于同一硅胶G薄层板上，以乙酸

乙酯–甲醇–甲酸（16∶0.5∶2）为展开剂，展开，取出，晾干，用0.1%的2，

2–二苯基–1–苦肼基无水乙醇溶液浸板，晾干。供试品色谱中，在与对照品色

谱相应的位置上，显相同颜色的斑点。

3. 检查

（1）水分　生地黄不得超过15.0%。

（2）总灰分　不得超过8.0%。

（3）酸不溶性灰分　不得超过3.0%。

4. 浸出物

照水溶性浸出物测定法项下的冷浸法测定，不得少于65.0%。

5. 含量测定

（1）梓醇　照高效液相色谱法测定。

色谱条件与系统适用性试验：以十八烷基硅烷键合硅胶为填充剂；以乙

腈–0.1%磷酸溶液（1∶99）为流动相；检测波长为210nm。理论板数按梓醇峰

计算应不低于5000。

对照品溶液的制备：取梓醇对照品适量，精密称定，加流动相制成每1ml

含10μg的溶液，即得。

供试品溶液的制备：取本品（生地黄）切成约5mm的小块，经80℃减压

干燥24h后，磨成粗粉，取约0.8g，精密称定，置具塞锥形瓶中，精密加入甲

醇50ml，称定重量，加热回流提取1.5h，放冷，再称定重量，用甲醇补足减失的重量，摇匀，滤过，精密量取续滤液10ml，浓缩至近干，残渣用流动相溶解，转移至10ml量瓶中，并用流动相稀释至刻度，摇匀，滤过，取续滤液，即得。

测定法：分别精密吸取对照品溶液与供试品溶液各10μl，注入液相色谱仪，测定，即得。

生地黄按干燥品计算，含梓醇（$C_{15}H_{22}O_{10}$）不得少于0.20%。

（2）毛蕊花糖苷　照高效液相色谱法测定。

色谱条件与系统适用性试验：以十八烷基硅烷键合硅胶为填充剂；以乙腈–0.1%醋酸溶液（16∶84）为流动相；检测波长为334nm。理论板数按毛蕊花糖苷峰计算应不低于5000。

对照品溶液制备：取毛蕊花糖苷对照品适量，精密称定，加流动相制成每1ml含10μg的溶液，即得。

供试品溶液制备：精密量取［含量测定］中梓醇项下续滤液20ml，减压回收溶剂近干，残渣用流动相溶解，转移至5ml量瓶中，加流动相至刻度，摇匀，滤过，取续滤液，即得。

测定法：分别精密吸取对照品溶液与供试品溶液各20μl，注入液相色谱仪，测定，即得。

生地黄按干燥品计算，含毛蕊花糖苷（$C_{29}H_{36}O_{15}$）不得少于0.020%。

6. 饮片

（1）炮制　除去杂质，洗净，闷润，切厚片，干燥。

本品呈类圆形或不规则的厚片。外表皮棕黑色或棕灰色，极皱缩，具不规则的横曲纹。切面棕黑色或乌黑色，有光泽，具黏性。气微，味微甜。

（2）鉴别（除横切面外）、检查、浸出物、含量测定同药材。

7. 用法与用量

鲜地黄12～30g；生地黄10～15g。

8. 贮藏

鲜地黄埋在沙土中，防冻；生地黄置通风干燥处，防霉，防蛀。

（二）熟地黄

本品为生地黄的炮制加工品。

1. 制法

（1）取生地黄，照酒炖法炖至酒吸尽，取出，晾晒至外皮黏液稍干时，切厚片或块，干燥，即得。

其中，每100kg生地黄，用黄酒30～50kg。

（2）取生地黄，照蒸法蒸至黑润，取出，晒至约八成干时，切厚片或块，干燥，即得。

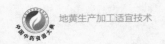

2. 性状

本品为不规则的块片、碎块，大小、厚薄不一。表面乌黑色，有光泽，黏性大。质柔软而带韧性，不易折断，断面乌黑色，有光泽。气微，味甜。

3. 鉴别

取本品粉末1g，加80%甲醇50ml，超声处理30min，滤过，滤液蒸干，残渣加水5ml使溶解，用水饱和正丁醇振摇提取4次，每次10ml，合并正丁醇液，蒸干，残渣加甲醇2ml使溶解，作为供试品溶液。另取毛蕊花糖苷对照品，加甲醇制成每1ml含1mg的溶液，作为对照品溶液。照薄层色谱法试验，吸取供试品溶液5μl、对照品溶液2μl，分别点于同一硅胶G薄层板上，以乙酸乙酯-甲醇-甲酸（16：0.5：2）为展开剂，展开，取出，晾干，用0.1%的2，2-二苯基-1-苦肼基无水乙醇溶液浸渍，晾干。供试品色谱中，在与对照品色谱相应的位置上，显相同的颜色斑点。

4. 检查、浸出物

同生地黄。

5. 含量测定

照高效液相色谱法测定。

色谱条件与系统适用性试验：以十八烷基硅烷键合硅胶为填充剂；以乙腈-0.1%醋酸溶液（16：84）为流动相；检测波长为334nm。理论板数按毛蕊花糖苷峰计算应不低于5000。

对照品溶液制备：取毛蕊花糖苷对照品适量，精密称定，加流动相制成每1ml含10μg的溶液，即得。

供试品溶液制备：取本品最粗粉约2g，精密称定，置圆底烧瓶中，精密加入甲醇100ml，称定重量，加热回流30min，放冷，再称定重量，用甲醇补足减失的重量，摇匀，滤过，精密量取续滤液50ml，减压回收溶剂近干，残渣用流动相溶解，转移至10ml量瓶中，加流动相至刻度，摇匀，滤过，取续滤液，即得。

测定法：分别精密吸取对照品溶液与供试品溶液各20μl，注入液相色谱仪，测定，即得。

本品按干燥品计算，含毛蕊花糖苷（$C_{29}H_{36}O_{15}$）不得少于0.020%。

6. 用法与用量

9～15g。

7. 贮藏

置通风干燥处。

三、质量评价

（一）鲜地黄的评价方法

对鲜地黄的评价方法，古代用水试法判断地黄的优劣，《尔雅·释草》云：

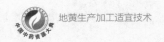

"芐（音户），郭注地黄，江东呼为芐，芐从下，以能沉下于水者为贵也。"《日华子本草》云："生者水浸验之，浮者名天黄，半浮半沉者名人黄，沉者名地黄。入药沉者为佳，半沉半浮者次之，浮者劣。"《本草图经》曰："初采得以水浸之，有浮者名天黄，不堪用；半沉者名人黄，为次，其沉者名地黄，最佳也。"《证类本草》云："生者水浸验，浮者名天黄，半浮半沉者名人黄，沉者名地黄，沉者为佳，半沉半浮者次之，浮者劣。"可以看出古代鲜地黄以质，于水中能下沉者为佳。

（二）生地黄的评价方法

生地黄为鲜地黄经过烘焙而成，传统经验鉴别以块大体重、断面菊花心明显者为佳。随着生地黄质量标准的建立，生地黄以表面棕黑色或棕灰色，块大、体重、断面色乌黑者为佳。1963年版《中国药典》描述以个大、体重、断面油润乌黑者为佳，个细小、体轻质硬、断面灰棕色者质次。1977年版《中国药典》描述以块大、体重、断面色乌黑者为佳。1983年至今各版药典均描述生地黄"表面棕黑色或棕灰色。体重，质较软而韧，不易折断，断面棕黑色或乌黑色，有光泽，具黏性。"从各版药典的描述可以看出，生地黄以个头大、断面黑质量最佳。

（三）生地黄的现代质量控制方法

对生地黄的质量控制，各版药典主要采用显微鉴别和理化鉴别，其中2005

年版《中国药典》增加了梓醇的含量测定，2010年版和2015年版《中国药典》增加了毛蕊花糖苷的含量测定和薄层鉴别，总灰分和酸不溶灰分的限量分别从6.0%和2.0%改为了8.0%和3.0%。

生地黄化学成分复杂，含有多种有效成分，如环烯醚萜及其苷类、糖类、氨基酸类以及微量元素等。《中国药典》中主要以梓醇和毛蕊花糖苷作为指标性成分，地黄中梓醇的分析检测方法较多，其中高效液相色谱法（HPLC法）是梓醇测定最常用的分析方法，也是《中国药典》规定的检测方法。此外，毛维伦等采用分光光度法对地黄的活性成分梓醇进行了定量测定；赵新峰等以毛细管区带电泳法测定了地黄中梓醇的含量为1.12%；韩乐等采用高效毛细管电泳二极管阵列检测法（HPCE-DAD）同时测定地黄饮片中梓醇、桃叶珊瑚苷、毛蕊花糖苷等的含量；张波泳等采用UPLC/ESI-Q-TOF MS法分析生地黄的化学成分，明确梓醇、毛蕊花糖苷是生地黄的主要成分。地黄中除了梓醇和毛蕊花糖苷指标性成分具有显著的活性外，现代研究表明糖类也具有较强的活性，因而也逐渐成为地黄研究的热点；于雷等采用RP-HPLC-RID法同时测定怀地黄中单糖、低聚糖的含量；刘有平等采用柱前衍生化对地黄中葡萄糖、半乳糖和蜜二糖进行了测定。

在地黄成分含量测定中，虽然多以环烯醚萜苷类、多糖、还原糖、5-HMF的含量为地黄的质量标准。然而地黄成分比较复杂，单用这些成分作为指标尚

难以全面表达及控制地黄的药材质量。近年来，指纹图谱广泛应用于地黄的质量控制。曾志等利用单一流动相初步建立了不同产地10个生地黄样品HPLC指纹图谱，获得11个共有峰；李建军等建立并比较怀地黄不同栽培品种HPLC指纹图谱，为怀地黄的质量控制提供了理论和技术支撑；谷凤平等构建了怀地黄23个品种的DNA指纹图谱，为怀地黄品种鉴定、遗传多样性分析、分子标记辅助育种和质量综合评价等研究奠定了基础；丁岗等应用血清药物化学方法，通过比较地黄药材各提取部位、给药及未给药大鼠血清的色谱指纹图谱，筛选、研究地黄的活性成分及其作用机理。随着对地黄指纹图谱的研究，将色谱指纹图谱技术应用于地黄研究，能真正反映中药地黄的安全性与有效性，制定合理的地黄质量控制标准，为地黄的大量应用、新药开发及中医临床合理用药提供了科学依据。

四、商品规格等级

（一）生地黄商品规格等级划分历史情况

过去地黄主要以支头大小分等级，《本草钩沉》记载："干地黄，以个大、体重、断面油润乌黑光亮者为佳。干地黄以每斤支数大小分等，大生地以每千克32支为标准，每千克100支以上者为小生地（皮粗，无油性，肉色黄红，或如煤渣者，质最差）。"后来以每500g的支数分4、6、8、10、12、16、20、24、

30、40、50、60及80支（即小生地）。销售时，每500g 4～12支为上等规格；以16、20、24、30支为大套；40、60支为小套；80支（即小生地）称毛原。现行的《七十六种药材商品规格标准》中，生地黄按每1000g 16、32、60、100支以内以及100支以外，分为一、二、三、四、五级。《现代中药材商品通鉴》及《中国药材学》中也以每千克多少支划分为五等。国内商品生地分为五等，以个大体重、质柔软油润、断面乌黑、味甜者为佳，尤以河南怀庆产者质量最佳。出口生地黄也以每千克几支分等级，分为8支、16支、32支、50支、小生地、生地节。

（二）生地黄商品规格等级现行标准存在的问题

现有地黄商品规格制订于20世纪80年代（见《七十六种药材商品规格标准》），分为5个等级，主要是按每1000g有几个（支），即重量大小分等级。经过调查，市场上并未严格按照标准进行等级划分。究其原因，一是原地黄商品规格分得较细，等级价格差价小，市场操作性不强，常见一～二级统货、二～三级统货、二～四级统货等；二是一级地黄量少，因为地黄品种改良，过去的主流品种红薯王、85-5等块根大小悬殊，一级货多，现在推广的北京3号、温9302等块根大小均匀，一级货少；同时，现在产区为了提高产量，地黄种植密度加大，一级货很少。

对地黄性状而言，传统经验鉴别以块大体重、断面菊花心明显者为佳，而

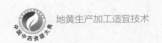
在实际调查中发现只有断面黄褐色、黑褐色的地黄断面能看到菊花心，断面乌黑者不明显，在实际应用中也很少强调地黄断面的颜色为乌黑色，多描述为黄褐色、黑褐色，而熟地黄断面则一般为乌黑色。经调查，新加工好的地黄断面黑色的较少，但随着贮藏时间的延长，断面颜色逐渐变黑，其中存放3年以上的地黄断面以黑色为主，5年以上基本变成为乌黑色。

由以上可知，现行地黄商品规格等级存在不易执行以及与商品实际情况脱节的问题，因此需要对现行标准进行完善。

（三）生地黄商品规格等级划分研究新进展

通过市场调查，发现地黄除了有大小之别，表面颜色、断面颜色及断面质地均有不同，其中表面颜色有棕灰色和棕黑色（图5-3），断面颜色主要有棕黄色、外黄内棕、棕褐色及黑色四种（图5-4），断面质地有角质、油润及一般（图5-5）。

a. 表面棕灰色　　　　　　　　　　b. 表面棕黑色

图5-3　生地黄表面颜色

a. 断面棕黄色　　　　　　　　　　　　b. 断面外黄内棕

c. 断面棕褐色　　　　　　　　　　d. 断面黑色

图5-4　生地黄断面颜色

a. 断面角质　　　　　　　　　b. 断面油性

c. 断面一般

图5-5　生地黄断面质地

　　按照大小、表面颜色、断面颜色及断面质地，对河南禹州药材市场、安徽亳州药材市场和河北安国药材市场等3个药材市场和地黄主产地（河南、山西、山东）所收集的44批地黄样品进行分类编码，共得到54类180份样品。采用高效液相分析技术，对180份地黄样品的11种化学成分进行含量测定（环烯醚萜苷类：梓醇、地黄苷A、地黄苷D、益母草苷；苯乙醇苷类：毛蕊花糖苷；单糖：果糖、葡萄糖；寡糖：蔗糖、棉籽糖、水苏糖；多糖），结果表明，地黄大小与化学成分含量并非呈正相关，地黄个头越大，化学成分含量不一定越高；同时随着断面颜色由黄至黑的变化，地黄单糖和多糖类成分含量增高，而环烯醚萜苷及寡糖类成分含量降低。因而断面棕黄色的地黄质量最好，而并非是个头越大，断面乌黑者质量最佳。

　　基于上述结果，在原有商品规格等级标准的基础上，对商品规格等级标准进行了完善。具体标准如下。

1. 选货

　　特等：干货。呈纺锤形或条形圆根。表面棕灰色或棕黑色，断面黄褐色、黑褐色或棕黑色，致密油润。味甜。每千克16支以内。无芦头、老母、生心、焦枯、杂质、虫蛀、霉变。

　　一等：干货。呈纺锤形或条形圆根。表面棕灰色或棕黑色。断面黄褐色、黑褐色或棕黑色，致密油润，味甜。每千克32支以内。无芦头、老母、生心、焦枯、杂质、虫蛀、霉变。

二等：干货。呈纺锤形或条形圆根。表面棕灰色或棕黑色。断面黄褐色、黑褐色或棕黑色，致密油润。味甜。每千克60支以内。无芦头、老母、生心、焦枯、杂质、虫蛀、霉变。

三等：干货。呈纺锤形或条形圆根。表面棕灰色或棕黑色。断面黄褐色、黑褐色或棕黑色，致密油润。味甜。每千克100支以内。无芦头、老母、生心、焦枯、杂质、虫蛀、霉变。

四等：干货。呈纺锤形或条形圆根。表面棕黑色或棕灰色。断面黄褐色、黑褐色或棕黑色，致密油润，有时见有干枯无油性者。味甜。每千克100支以外。无芦头、老母、生心、焦枯、杂质、虫蛀、霉变。

2. 统货

一级：干货。呈纺锤形或条形圆根。表面棕黑色。体重质柔润。断面黄褐色至黑褐色，致密油润。味微甜。无芦头、老母、生心、焦枯、杂质、虫蛀、霉变。

二级：干货。呈纺锤形或条形圆根。表面棕黑色。体重质柔润。断面黑褐色至棕黑色，致密油润。味微甜。无芦头、老母、生心、焦枯、杂质、虫蛀、霉变。

三级：干货。呈纺锤形或条形圆根。表面棕灰色。体重质柔润。断面棕褐

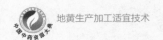

色至黑褐色，致密油润。味微甜。无芦头、老母、生心、焦枯、杂质、虫蛀、霉变。

四级：干货。呈纺锤形或条形圆根。表面棕灰色。体重质柔润。断面黑褐色至棕黑色，致密油润。味微甜。无芦头、老母、生心、焦枯、杂质、虫蛀、霉变。

五级：干货。呈纺锤形或条形圆根。表面棕灰色或棕黑色。断面黄棕色、黄褐色、黑褐色或棕黑色，干枯无油性。味微甜。无芦头、老母、生心、焦枯、杂质、虫蛀、霉变。

五、贮藏与养护

地黄从种植到临床应用要经历采收、加工、炮制、贮藏与养护等若干环节。贮藏贯穿于药材或饮片流通的整个过程；养护则是指药材或饮片在贮藏期间，采取必要的保护措施，以保证药材或饮片质量完好。贮藏与养护相辅相成，是保证药材质量的重要环节。如果贮藏养护不当，会使地黄出现变色、虫蛀、发霉、走油、腐烂等变质现象，导致地黄性状、化学成分与性质发生变化而变质，降低药材的质量和疗效，不但造成经济损失，严重的可能危及患者生命安全。因此，在贮藏过程中确保药材及饮片的质量是非常必要的。

（一）地黄在贮藏过程中常见的变质现象

1.　虫蛀

虫蛀是地黄贮藏过程中的常见现象，药材被虫蛀后，严重影响药材质量。地黄发生虫蛀多与其在生长或采收时被害虫或其虫卵污染，加工干燥时未能将其杀死，带入贮藏的地方；或贮藏过程中害虫由外界进入并繁殖。一般害虫的适宜生长条件为温度在15～35℃，空气相对湿度在70%以上，药材含水量在13%以上，因此，在贮藏时，应注意控制地黄含水量，保持贮藏环境干燥、通风。

2.　霉变

霉变，又称发霉，是指药材被真菌污染后引起的变质现象。大气中存在大量的真菌孢子，若贮藏不当，地黄被真菌孢子污染，在一定条件下（温度25℃，空气相对湿度85%以上或药材含水量15%以上）则会发生霉变现象。此种情况多与地黄采收后没有及时干燥或贮藏不当有关。因此，防止霉变的方法就是控制地黄含水量，防止吸潮，保持贮藏环境干燥、通风。

3.　变色

颜色是衡量药材质量的标志之一，鲜地黄断面黄白色，但若在空气暴露稍久，断面颜色逐渐变黑，质量发生变化，因此鲜地黄多随采随用。现代加工时也可采用快速烘干法或冷冻干燥法，加工成片、粗粉或条等，代替鲜地黄应

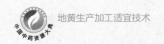

用，能最大限度地保持鲜地黄的色泽、疗效。

4. 走油

生地黄富含糖类成分，若贮藏方法不当，如温度过高、湿度过大或长时间受日光直射，药材表面则有油样物质渗出，同时伴有药材吸潮、返软、发黏等现象。贮藏时应注意将药材干燥、避光，库房多通风，防止高温。

（二）引起地黄变质的因素

地黄在贮藏中常受到各种因素的影响，主要包括自身因素、外界环境因素、生物因素以及时间因素等4个方面。

1. 自身因素

自身因素包括药材含水量、细菌污染情况、所含化学成分等，其中地黄含水量及细菌污染情况是发霉、虫蛀、变色的重要影响因素。此外，地黄富含糖类成分，遇水或受热后易发酵，引起膨胀、发热、变色、"走油"；同时糖类也是许多微生物和害虫的养料物质，易造成霉变和虫蛀。

2. 外界环境因素

外界因素包括空气、光照、温度、湿度等几个方面。空气中所含臭氧虽然微少，但臭氧作为一个强氧化剂，可加速地黄药材有机物质的变质。若长时间受日光照射会促使地黄药材发生氧化、分解、聚合等光化学反应，从而引起药材变质，因此地黄药材在贮藏时不宜受日光直射。地黄贮藏时，库房温度宜保持在15～25℃，温度过高或过低都会对药材质量产生一定影响。生地黄药材的含水量不得过15%，储藏室的空气相对湿度亦不宜过高，若超过70%，生地黄药材含水量会随之增加，导致药材吸潮。又因生地黄富含糖类、氨基酸等营养物质，更容易引起虫蛀乃至发霉。

3. 生物因素

一般而言，生物因素包括霉菌和虫害。当库房温度在18～35℃，地黄药材含水量达15%以上，空气相对湿度在70%以上时，害虫极易繁殖及生长。大气中存在大量的真菌孢子，若贮藏不当，药材被真菌污染，当温度在25℃左右，空气相对湿度85%以上或药材含水量达15%以上，极易发生霉变现象。

4. 时间因素

鲜地黄药材含水量高，随着贮藏时间的延长，药材易发生腐烂及霉变，若采用传统贮藏方法，其贮藏时间不宜超过4个月。若采用传统的室外沙土埋藏方法，即11月采收后在室外用沙土埋藏，则应于第二年4月气温回升之前取用，否则鲜地黄开始出芽或腐烂，降低药材质量。梓醇是地黄中的主要有效成分，有研究表明，随着贮藏时间的延长，地黄中梓醇含量减少，因此，地黄药材以当年品为佳。

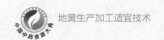

（三）地黄的贮藏方法

1. 传统方法

鲜地黄多用竹筐、纸箱包装或直接埋于沙土中贮藏。鲜地黄含水量高，易腐烂、霉变，在贮藏前应先除去已腐烂部分，多采用以下两种方法贮藏。

（1）及时埋入室外沙土中，一层沙土，隔放一层鲜地黄，最上层用50cm厚沙土覆盖，以防冬季冻烂。

（2）用潮湿的沙土，一层沙土，隔放一层鲜地黄，至5～6层后再以沙土覆盖，一般底层和上层的沙土要求铺厚一些，堆放于阴凉干燥处或存放于地窖中，但应注意通风和空气的湿度，以免干枯或腐烂。

生地黄多用麻袋包装。生地黄质较软而韧，断面乌黑色，有光泽，具黏性，且含糖量高，应贮藏于阴凉通风干燥处。

2. 现代贮藏养护方法

（1）气调养护技术　气调养护技术就是采用降氧、充氮气，或降氧、充二氧化碳的方法，人为地造成低氧、高浓度氮气或低氧、高浓度二氧化碳状态，达到杀虫、防虫、防霉的目的。

（2）抽真空低温冷藏法　抽真空低温冷藏法是将地黄药材采用PVC材料抽真空包装，置于冷藏库中进行贮藏，此法既能使药材隔绝水分，防止吸潮，又能降低贮藏温度，利于保证药材质量。

（3）鲜地黄贮藏法　用薯类保鲜剂处理鲜地黄，再用湿沙土将鲜地黄埋藏于阴凉通风处，此法与传统贮藏法相比，可使损失减少80%左右，且鲜地黄失水较少。保鲜贮藏时间可达6个月之久。

第6章

地黄现代研究与应用

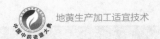

一、地黄的化学成分

地黄中主要含有环烯醚萜类、紫罗兰酮类、苯乙醇苷类、糖类等化合物。其中，环烯醚萜苷是地黄中的特征成分，但其稳定性较差，干燥后含量较新鲜样品损失一半以上。目前已经分离鉴定出的环烯醚萜苷有梓醇、益母草苷、桃叶珊瑚苷、蜜力特苷、地黄苷A、地黄苷D、地黄苷E等30余种，其中含量最高的为梓醇。苯乙醇类成分包括地黄苷、毛蕊花糖苷、红景天苷、连翘酯苷、焦地黄苯乙醇苷D、焦地黄苯乙醇苷A_1、焦地黄苯乙醇苷B_1、天人草苷A、异地黄苷、氢化阿魏、对羟基苯乙醇等。地黄中含有水苏糖、棉籽糖、葡萄糖、蔗糖、果糖、甘露三糖、毛蕊花糖及半乳糖等8种糖类成分。地黄中还含有多种氨基酸，其中谷氨酸、精氨酸、天冬氨酸、赖氨酸、亮氨酸为鲜地黄、生地黄及熟地黄中含量较高的氨基酸，但是总氨基酸含量随着炮制过程的进行而降低。

二、地黄的药理作用

地黄加工炮制工艺不同功效有所差异。鲜地黄清热生津、凉血止血，多用于热病伤阴、舌绛烦渴、发斑发疹、吐血衄血、咽喉肿痛。生地黄清热凉血、养阴生津、凉血止血，多用于热病、舌绛烦渴、阴虚、骨蒸痨热、内热消渴、

吐血衄血、发斑发疹。熟地黄滋阴补血、填精益髓，用于肝肾阴虚、腰膝酸

软、骨蒸潮热、盗汗遗精、内热消渴、血虚萎黄、月经不调、崩漏下血等症。

现代研究报道，地黄具有如下药理作用。

（一）抗氧化作用

熟地黄多糖可降低正常动物血清丙二醛含量，增强血清谷胱甘肽过氧化物

酶（GSH-Px）和超氧化物歧化酶（SOD）活性，还可以显著提高D-半乳糖复

制衰老模型小鼠的血清SOD、GSH-Px及过氧化氢酶活性，降低血浆、脑匀浆

及肝匀浆过氧化脂水平。生地黄水煎液能够清除超氧自由基和羟自由基，减轻

自由基对机体组织的破坏，达到抗衰老的作用。

（二）免疫兴奋

地黄煎剂可不同程度地提高小鼠免疫功能和调节内分泌的功能，能够显著

促进小鼠脾淋巴细胞IT-2的分泌，能使周围T淋巴细胞数目增多。地黄苷A能

明显增强小鼠迟发性变态反应，增强体液免疫和细胞免疫功能。地黄多糖可以

上调表达CD40、CD80、CD83、CD86和MHCⅡ类分子的骨髓树突细胞，下调

胞饮作用和吞噬活性，诱导IL-12和TNF-α生产骨髓树突细胞，能够增强宿主

的免疫力。

（三）对血液系统的影响

熟地黄多糖对于不同血虚模型小鼠外周血象、骨髓有核细胞均有拮抗作

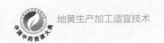

用，对小鼠造血干细胞具有促进增殖、分化的作用，从而显示其补血功能。

（四）调节血糖和血脂

地黄是治疗糖尿病的"四大圣药"之一。地黄多糖能够降低链佐星（STZ）联合高脂高糖喂养诱导的肥胖糖尿病大鼠及四氧嘧啶诱导糖尿病小鼠血糖，可显著减缓模型动物体重下降，并能降低血糖值、增加肝糖原。同时，地黄多糖还具有调节血脂的作用，表现为降低模型动物的甘油三酯和胆固醇水平。

（五）抗肿瘤作用

地黄多糖在体外对S180、Lewis肺癌、B16黑色素瘤等有明显的抑制作用。梓醇与抗癌靶标dNTPs（三磷酸脱氧核苷）能够竞争性结合，可以起到抗癌的作用。地黄水苏糖体外对HepG-2和SGC-7901肿瘤细胞具有明显的抑制作用。六味地黄丸对乌拉坦诱发性肺肿瘤小鼠的肿瘤细胞有抑制作用，能通过提高小鼠抗肿瘤免疫功能和减少炎症因子产生来延缓乌拉坦诱发肺肿瘤的发生发展。

（六）抗脑缺血、保护神经中枢

地黄梓醇能明显减轻脑缺血再灌注造成的损伤，即有效减少神经元死亡，降低脑梗死面积。同时也可明显抑制LDH释放，减轻1-甲基-4苯基-1，2，3，6-四氢吡啶（MPTP）诱导（可诱发帕金森病）的细胞毒性损伤。生地黄免煎颗粒能够在一定程度上下调MCAO造模后引起的Nogo-A蛋白表达升高，有利于中枢神经缺血后的神经再生。

（七）保护胃黏膜

干地黄煎液能够保护胃黏膜免受无水乙醇所致的伤害，提示地黄煎液有一定的保护胃黏膜的药理作用。

（八）增强免疫功能

地黄多糖可以增强机体的免疫功能，主要表现在促进免疫器官的生长和正常淋巴细胞增殖分化、增强巨噬细胞的吞噬功能、刺激细胞因子生成和释放等方面。

（九）增强记忆力

有研究通过小鼠迷宫出路寻找实验发现，给予熟地黄的小鼠可有效缩短迷宫通路寻找时机。分析发现，熟地黄可抑制血浆CORT含量和海马GR mRNA表达，抑制基础体温升高，增强学习记忆能力，提高海马神经生长因子、c-fos的基因表达。

（十）抗疲劳作用

熟地黄水提物能够促进气血双虚模型小鼠自身外周血内细胞活性的提高，同时也能控制血清巨噬细胞的应激刺激。进一步研究发现，在实验鼠骨髓造血干细胞以及祖细胞的增殖分化过程中，熟地黄能够快速增加血红蛋白及血红细

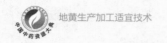

胞数量增殖，加速造血恢复。

三、地黄的DNA分子标记

地黄属是玄参科多年生草本植物，广布于中国中东部及北部地区。《中国植物志》记载地黄属有6个种，除了我国著名的传统中药材地黄外，还包括天目地黄、裂叶地黄、高地黄、湖北地黄、茄叶地黄等。由于地黄属植物经历了快速成种，导致其属内物种间形态性状差异较小，运用传统的形态学分类方法已难以准确地鉴定。为克服传统鉴定方法不易区分品种的不足，许多学者借助DNA分子鉴定法对地黄属物种进行准确区分和鉴定。地黄DNA分子标记技术研究与应用始于1997年，其后不断发展。常用方法如下。

1. 相关序列扩增多态性技术

研究发现利用相关序列扩增多态性（sequence-related amplified polymorphism，SRAP）技术，23个不同品种的怀地黄表现出差异和不同的扩增多态位点，可作为区分品种的依据。

2. 随机扩增多态性RAPD技术

有研究采用20个10bp随机引物对19个地黄不同品种的基因组DNA进行RAPD（randomly amplified polymorphic DNA，RAPD）技术分析，区分出不同品种及产地的地黄，同时阐明地黄不同品种（种质）的遗传多样性和亲缘关系，为地黄育种提供依据。

3．DNA条形码技术

研究利用植物DNA条形码候选片段ITS1、ITS2、psbA-trnH、matK和rbcL对地黄属6个种进行鉴定，研究发现ITS2＋psbA-trnH、psbA-trnH可以将不同品种的地黄区分开。另有研究发现trnS-trnG＋ITS1片段组合能够将地黄属5个物种准确区分，分辨率可达100%。与所有叶绿体DNA片段和核基因ITS片段组合（trnL-trnF＋trnM-trnV＋trnS-trnG＋ITS1）的辨别率相同，因此trnS-trnG＋ITS1可作为地黄属植物的标准条形码。

四、地黄的功能基因研究

1．地黄药效物质基础相关基因

地黄中药效物质主要为环烯醚萜类、多糖类成分，许多学者运用分子生物学手段对产生该类物质的基因进行研究。有研究运用高通量测序技术、生物信息学分析技术发现了合成萜类骨架生物相关基因和4个环烯醚萜途径基因，揭示了环烯醚萜主要是在环烯醚萜生物合成初期阶段具有共同的酶促步骤。另有研究用RT-PCR和RACE技术克隆了地黄水苏糖、蔗糖合成和代谢的关键酶基因。

2. 地黄增产相关基因

研究人员从地黄转录组数据库中筛选出细胞分裂素–N–葡糖基转移酶基因、腺苷酸异戊烯基转移酶基因、顺式玉米素–O–葡糖基转移酶基因、单加氧酶基因CYP72A56、正调控因子ARR1基因和细胞分裂素受体基因等细胞分裂素相关基因，吲哚–3–乙酸—酰氨基合成酶基因、邻氨基苯甲酸合酶基因、生长素转运蛋白基因和生长素诱导蛋白5NG4基因等生长素相关基因，类固醇5α–还原酶基因和油菜素内酯氧化酶基因等油菜素内酯相关基因，赤霉素2–β–双加氧酶1和赤霉素2–β–双加氧酶8基因等赤霉素相关基因。表明它们在地黄器官形成、发育及成熟中具有重要作用。

3. 连作障碍相关基因

有研究者构建了连作地黄的分别含232个和214个cDNA片段的正向、反向消减文库，对其中16个cDNA片段的时空表达进行分析，发现连作干扰了Ca^{2+}信号转导和乙烯合成的起始，抑制了DNA复制、RNA转录和蛋白质合成，消除地黄块根中Ca^{2+}信号阻滞剂可以减缓地黄连作障碍综合征。

五、地黄的临床应用

地黄在中医中的应用已经有很久的历史，主要用于发热和出血的疾病。地黄在应用时多与其他药物配合使用，来增强其作用和疗效，其中以六味地黄丸最为著名。六味地黄丸是以地黄为主的著名中成药，始创于《小儿药证直诀》，系北宋名医钱仲阳之名方，由熟地黄、山萸肉、山药、泽泻、牡丹皮、茯苓六味药组成，故名六味地黄丸。其功效为滋补肾阴，为治疗肾阴不足的基本药方，主要用于肾阴虚引起的腰膝酸软、头晕耳鸣、手脚心发热、遗精盗汗等症状。另外，近年来随着临床应用和药理研究的深入，人们发现六味地黄丸有不少新用途，如治疗结核、儿童支气管哮喘、脑梗死、祛斑等，另外还具有降血糖、降血压、降血脂、镇静安神、增强免疫、延缓衰老及防癌抗癌等功能。此外地黄还有如下临床功效。

1. 治疗心血管疾病

滋肾通络法自拟加减地黄饮可治疗脑梗死，总有效率为86.5%，已取得了较好的治疗效果。将地黄饮治疗冠心病心绞痛与单硝酸异山梨醇酯进行临床对照观察，发现地黄饮治疗心绞痛作用优于单硝酸异山梨醇酯，提示地黄可用于治疗心血管疾病。

2. 治疗糖尿病

利用生地黄、熟地黄、玄参等组成方治疗2型糖尿病，总有效率为94.18%。运用玄石地黄汤治疗2型糖尿病有效率为98%。

3. 治疗痴呆

运用地黄饮子加减（熟地、山萸肉、肉苁蓉等）治疗中风痴呆，结果显示

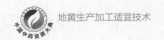

总有效率达83.33%。地黄饮子加减胶囊治疗老年期血管性痴呆，结果显示治疗组总有效率为98.53%。

4. 治疗口腔溃疡

导赤散（生地黄6g，木通6g，生甘草梢6g）可用于治疗烦躁发热、口腔溃疡、急性泌尿系感染等。知柏地黄丸加减治疗复发性口腔溃疡，疗效颇为满意。六味地黄汤加味治疗复发性口腔溃疡，总有效率为97%；提示六味地黄汤具有滋阴补肾、降虚火疗疮作用，用于治疗复发性口腔溃疡疗效显著。

5. 治疗牙龈疼痛、牙龈出血

清胃散（生地黄6g，当归身6g，牡丹皮9g，黄连6g，升麻9g），临床效果良好。

6. 治疗疮疡不愈

生地黄、干地黄、白及、白蔹、甘草各25g，白芷1.5g，猪脂250g，效果良好。

7. 地黄注射液穴位注射对成人自主神经系统与心律失常的影响

地黄注射液穴位注射能够活化健康成年男子的自主神经系统和副交感神经系统。和单用厄贝沙坦相比较，地黄结合厄贝沙坦治疗慢性肾小球肾炎，可以更有效地降低蛋白尿。

8. 治疗出血

生地黄60g与黄酒500ml可治疗功能性子宫出血，说明生地黄能够促进血液的凝固，有止血作用。

9. 治疗类风湿关节炎

临床对20余例类风湿性关节炎患者以大剂量生地（每日30～90g）为主进行治疗，结果有近半数患者获得显著效果。

10. 治疗慢性湿疹

临床应用地黄等14味中药制成的地黄凉血丸，治疗142例神经性皮炎，总有效率为92.96%，说明其能明显改变慢性湿疹、神经性皮炎皮损的粗糙肥厚、苔藓化，并且对上述疾病的复发率也明显优于盐酸西替利嗪。地黄凉血丸在治疗慢性湿疹、神经性皮炎的优势，体现了中药治病疗效好，不良反应小，复发少的优势，值得临床推广使用。

参考文献

［1］陈随清，秦民坚. 中药材加工与养护学［M］. 北京：中国中医药出版社，2013.

［2］程芳婷，李忠虎，刘春艳，等. 地黄属植物的DNA条形码研究［J］. 植物科学学报，2015（1）：25-32.

［3］高素霞，刘红彦，王飞. 地黄资源遗传多样性分析［J］. 中国中药杂志，2010，35（6）：690-693.

［4］谷凤平，周春娥，路淑霞，等. 怀地黄SRAP分子标记体系的建立与DNA指纹图谱的构建［J］. 河南师范大学学报，2009，37（3）：175-178.

［5］郭琳，苗明三. 生（鲜）地黄的化学、药理与应用特点［J］. 中医学报，2014，（03）：375-377.

［6］郭巧生. 药用植物栽培学［M］. 北京：高等教育出版社，2009.

［7］郭秀凤. 地黄凉血丸的制备与临床应用［J］. 中国现代药物应用，2013，（18）：143-144.

［8］国家药典委员会. 中华人民共和国药典（2015年版一部）［M］. 北京：中国医药科技出版社，2015.

［9］韩乐，许虎，刘训红，等. 高效毛细管电泳二极管阵列检测法同时测定地黄饮片中5种指标成分的含量［J］. 中国药学杂志，2012，23（47）：1937-1942.

［10］黄桢，朱俏峭，戚进，等. 地黄的化学成分研究［J］. 海峡药学，2016，（7）：34-36.

［11］黎美香. 六味地黄丸的药理分析及临床应用［J］. 当代医学，2015，（12）：146-147.

［12］李宏霞，韦升坚. 地黄化学成分与药理药化研究［J］. 中国中医药现代远程教育，2012，（17）：116-117.

［13］李慧芬. 地黄药理作用和临床应用概况［J］. 药学研究，2014，（6）：345-347.

［14］李建军，王君，王莹，等. 怀地黄HPLC指纹图谱研究［J］. 河南师范大学学报，2014，42（3）：119-124.

［15］李建军，徐玉隔，王莹，等. 怀地黄不同种质杂交育种初步研究［J］. 河南农业大学学报，2012，46（5）：520-525.

［16］李乃谦. 熟地黄活性成分药理作用的研究进展［J］. 中国处方药，2017，（1）：14-15.

［17］李卫民，邓中甲. 探析地黄道地药材的历史变迁［J］. 陕西中医，2009，30（4）：473-474.

［18］李先恩，祁建军，周丽莉，等. 地黄种质资源生物性状的比较研究［J］. 中国中药杂志，2008，33（18）：2033-2036.

［19］李先恩，祁建军，周丽莉，等. 地黄种质资源形态及生物学性状的观察与比较［J］. 植物遗

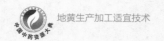

传资源学报，2007，8（1）：95-98.

［20］刘彦飞，梁东，罗桓，等. 地黄的化学成分研究［J］. 中草药，2014，（1）：16-22.

［21］陶益，蒋妍慧，唐克建，等. 地黄炮制前后化学成分的UHPLC-Q-TOF/MS比较研究［J］. 中药新药与临床药理，2016，（1）：102-106.

［22］王丰青，田云鹤，黄勇，等. 18个地黄种质的表型性状及相关统计学分析［J］. 植物资源与环境学报，2015，24，（1）：28-35.

［23］王玉红，程霞，陈光辉. 地黄化学成分研究及治疗心血管疾病的临床应用［J］. 中西医结合心脑血管病杂志，2009，（12）：1450-1452.

［24］魏桂芳，刘雪萍，何希瑞. 地黄药理与临床应用［J］. 陕西中医，2013，（8）：1073-1096.

［25］于雷，李晓坤，张华锋，等. RP-HPLC-RID法同时测定怀地黄中单糖、低聚糖的含量［J］. 药物分析杂志，2013，33（6）：977-981.

［26］张波泳，江振作，王跃飞，等. UPLC/ESI-Q-TOF MS法分析鲜地黄、生地黄、熟地黄的化学成分［J］. 中成药，2016，38（5）：1104-1108.

［27］张小波，陈敏，黄璐琦. 我国地黄人工种植生态适宜性研究［J］. 中国中医药信息杂志，2011，18（5）：55-59.

［28］周延清，王婉珅，王向楠，等. 地黄DNA分子标记与基因功能研究进展［J］. 植物学报，2015（5）：665-672.

［29］周延清，姚换灵，周春娥，等. 地黄育种研究进展［J］. 广西植物，2010，30（3）：373-376.